世の中への扉

# おもしろい！
# 料理の科学

**科学する料理研究家**
**平松サリー**

講談社

おもしろい！　料理の科学

# もくじ

はじめに ………………………………………………………………… 6

## 1章　水と油、混ざるかな？

1. マヨネーズってなんだろう？ ………………………………………… 9
   - ①マヨネーズとドレッシング ………………………………………… 9
   - ②ドレッシングが分離してしまうのはなぜだろう？ ……………… 10
     - 作ってみよう①　しょうゆ味の和風ドレッシング
2. マヨネーズの秘密 ……………………………………………………… 12
   - ①乳化のしくみ ………………………………………………………… 12
   - ②マヨネーズを作ってみよう ………………………………………… 14
     - 作ってみよう②　卵黄マヨネーズ
     - 実験してみよう①　オリジナルマヨネーズ
     - 調べてみよう①（マヨネーズの分離）
     - 実験してみよう②　洗剤による水と油の変化を確かめよう

## 2章　とろとろ卵、ぷるぷる卵

1. 固まる卵 ………………………………………………………………… 17
   - ①どうして卵は固まるの？ …………………………………………… 17
   - ②ゆで卵の作りかた …………………………………………………… 20
     - 作ってみよう③　半熟卵とかたゆで卵
   - ③温泉卵にチャレンジ ………………………………………………… 21
     - 作ってみよう④　温泉卵
     - 調べてみよう②（卵をゆでるときに食塩や酢を入れるわけ）
     - 調べてみよう③（ゆで卵をすぐ冷やすわけ）
     - 実験してみよう③　ゆで卵を加熱する温度と時間
2. ぷるぷるやわらかい卵料理 …………………………………………… 26
   - ①プリンを作ろう ……………………………………………………… 26
     - 作ってみよう⑤　カラメルプリン
   - ②砂糖の量でとろとろに ……………………………………………… 31
     - 実験してみよう④　砂糖の量を変えるとプリンはどうなる？
     - 調べてみよう④（カラメルとプリン液が混ざらないのはなぜ？）

## 3章　牛乳が大変身!?

1. 牛乳の成分 ……………………………………………………………… 34
2. 牛乳の脂肪 ……………………………………………………………… 35
   - ①生クリーム …………………………………………………………… 35
   - ②バター ………………………………………………………………… 35
     - 作ってみよう⑥　バター
3. 牛乳のカゼイン ………………………………………………………… 38
   - ①ヨーグルト …………………………………………………………… 38
   - ②チーズ ………………………………………………………………… 39
     - 作ってみよう⑦　カッテージチーズ

おいしいレシピ①　トマト、アボカド、カッテージチーズのサラダ
実験してみよう⑤　カッテージチーズを作り比べよう
作ってみよう⑧　カンタンいちごミルク

## 4章　色が変わるおもしろ食べもの

### 1. 色素 …………………………………………………………………… 45
### 2. 酸／アルカリで変わる色 ………………………………………… 46
　①紫色の色素「アントシアニン」………………………………………… 46
　　作ってみよう⑨　アントシアニン液
　　実験してみよう⑥　アントシアニン液の色の変化を確認しよう
　　実験してみよう⑦　酸性・アルカリ性を調べてみよう
　　作ってみよう⑩　紫キャベツのピクルス
　　作ってみよう⑪　ブルーベリージャムのグリーンホットケーキ
　②カラフル焼きそば……………………………………………………… 54
　　作ってみよう⑫　色が変わるカラフル焼きそば①　カレー＆ソース味
　　作ってみよう⑬　色が変わるカラフル焼きそば②　塩味
### 3. 橙色や赤色は「カロテノイド」 ………………………………… 59
　①にんじん、トマトの「カロテン」「リコピン」………………………… 59
　②エビやカニが赤くなるわけ ………………………………………… 59
　　調べてみよう⑤（エビやカニのアスタキサンチン）
### 4. お肉の赤色 ………………………………………………………… 61
　①血液と筋肉 …………………………………………………………… 61
　②お肉の変色 …………………………………………………………… 62
### 5. 葉っぱの緑はクロロフィル ……………………………………… 63
　①光合成 ………………………………………………………………… 63
　②変色してしまう要因…………………………………………………… 64
　③美しい野菜のゆでかた ……………………………………………… 65
　　作ってみよう⑭　ほうれん草の正しいゆでかた

## 5章　ジャムにできないくだもの

### 1. ジャムのしくみ …………………………………………………… 69
　①ペクチンのはたらき………………………………………………… 69
　②加熱の作用 …………………………………………………………… 70
　　作ってみよう⑮　りんごジャム
　　調べてみよう⑥（りんごにレモン汁をまぶすのはなぜ？）
### 2. 火を止めるタイミングの見極めかた …………………………… 74
　①火を止めるタイミング ……………………………………………… 74
　②糖分の目安 …………………………………………………………… 75
　③糖分の量を調べる方法 ……………………………………………… 75
　④「糖」「酸」「ペクチン」 …………………………………………… 78
### 3. ジャムができるのはくだものだけ？ …………………………… 80
　　作ってみよう⑯　トマトのジャム

## 6章　味覚の不思議

### 1. 味ってたいせつ …………………………………………………… 84
- ①どうして味を感じるのか ………………………………… 85
- ②味は5種類 …………………………………………………… 86

### 2. 本能的においしい味 …………………………………………… 86
- ①甘味 …………………………………………………………… 86
- ②塩味 …………………………………………………………… 88
  - 実験してみよう⑧　いろいろなこさの食塩水を作ってみよう
- ③うま味 ………………………………………………………… 91
  - 実験してみよう⑨　うま味を感じよう
    - その1　だしでうま味を感じよう
    - その2　ミニトマトでうま味を感じよう

### 3. 警戒される味 …………………………………………………… 96
- ①苦味と酸味 …………………………………………………… 96

### 4. 味のおもしろい変化 …………………………………………… 98
- ①味はただのたし算ではない ……………………………… 98
- ②味＋味で強まるとは限らない？ ………………………… 99
  - 実験してみよう⑩（塩味が甘味を強める①）くだものの甘味を引き出そう
  - 作ってみよう⑰（塩味が甘味を強める②）おしるこ
  - 作ってみよう⑱（甘味が酸味を弱める①）レモンシロップ
  - 作ってみよう⑲（甘味が酸味を弱める②）大根ときゅうりの酢のもの
  - 実験してみよう⑪　酢のものの味を比べよう
- ③うま味とうま味でもっとおいしく ……………………… 105
  - 実験してみよう⑫　うま味の相乗効果を体験しよう
- ④とけたら甘くなる、冷めたらしょっぱくなる ………… 108
  - 実験してみよう⑬　味の変化を感じてみよう
    - （温度で甘味の感じかたが変化する①）
    - （温度で甘味の感じかたが変化する②）
  - 調べてみよう⑦（ギムネマの葉）

## 7章　おとなもびっくりの料理の裏ワザ

### 1. お肉って何でできている？ ……………………………………… 112
### 2. かたいお肉がやわらかく！ ……………………………………… 114
### 3. ことこと煮こむ方法 ……………………………………………… 116
- ①煮こみ時間はどれくらい？ ……………………………… 116
- ②煮こみ時間短縮の裏ワザ ………………………………… 117
  - 実験してみよう⑭　砂糖は水によくとける
  - 作ってみよう⑳　豚肉と根菜の和風ポトフ
  - 作ってみよう㉑　ビーフカレー

### 4. 煮こまない秘密のワザ …………………………………………… 123
- ①酵素のはたらき ……………………………………………… 123

作ってみよう㉒　牛肉のキウイマリネ焼き
　　　実験してみよう⑮　つけこみ時間や温度を変えてみよう
　②ゼラチンの実験 ………………………………………………………… 127
　　　実験してみよう⑯　プロテアーゼでゼリーがとける

## 8章　いろいろいもレシピ

### 1. じゃがいもの種類 ………………………………………………… 129
　①ほくほく？　しっとり？ ……………………………………………… 129
　②ペクチンとでんぷん …………………………………………………… 130
　③"熱いうちに"の理由 …………………………………………………… 132
　　　調べてみよう⑧（じゃがいもの特徴）
　　　作ってみよう㉓　粉ふきいも
　　　おいしいレシピ②　粉ふきいもでポテトサラダ

### 2. もちもちのじゃがいも …………………………………………… 138
　　　作ってみよう㉔　ほくほくいももち＆もちもちいももち
　　　調べてみよう⑨（じゃがいもとりんご）

### 3. おいしい焼きいもの作りかた ………………………………… 142
　①さつまいもの甘味 ……………………………………………………… 142
　②家でも焼きいも ………………………………………………………… 144
　　　作ってみよう㉕　オーブンでほくほく焼きいも
　　　作ってみよう㉖　フライパンでしっとり蒸し焼きいも
　　　調べてみよう⑩（さつまいもの調理法と甘味のちがい）

## 9章　食塩のチカラ

### 1. 魔法の調味料 ……………………………………………………… 149
### 2. 食塩と水分 ……………………………………………………… 149
　①水を引き出す …………………………………………………………… 149
　②水を入れこむ …………………………………………………………… 153
　　　実験してみよう⑰　野菜に食塩をかけてみよう
　　　作ってみよう㉗　コールスローサラダ

### 3. 食塩と温度 ……………………………………………………… 157
　①氷の温度を下げる ……………………………………………………… 157
　　　作ってみよう㉘　シャーベット
　　　実験してみよう⑱　温度の下がりかた、凍りやすさを調べよう

### 4. 食塩とタンパク質 ……………………………………………… 162
　①ゆで卵で活躍 …………………………………………………………… 162
　②ハンバーグで活躍 ……………………………………………………… 162
　　　作ってみよう㉙　ハンバーグ

## 「調べてみよう」ヒント・解説 ………………………………… 168

## おわりに ……………………………………………………………… 174

## はじめに

　私たちの生活にはさまざまな科学の知識が隠れています。
　雲はどうやってできるのでしょうか。メガネをかけるとものがよく見えるようになるのはなぜでしょうか。ふだん当たりまえのように見たり使ったりしているものには、しくみや理由があります。それを見つけ出し、明らかにしているのが科学です。
　私たちが日々、何気なく食べている料理にも、たくさんの科学が関わっています。卵をゆでると固まるのはなぜでしょうか。石焼きいもはどうして甘くなるのでしょうか。
　この本では、そんな料理に関わる科学について、紹介しています。好きな食べものや最近食べた料理を思い浮かべながら読んでみてください。
　また、食べものに関する科学のおもしろいところは、家で気軽に実験できることです。スーパーで手に入る材料と、キッチンにある道具を使ってできる実験を用意しました。読んで「なるほど」と思うだけで満足せず、自分の目で見て、舌で味わって、確かめてみてください。
　この本を読み終わった後、いつもなんとなく食べていた食べものへの見方が、これまでと少し変わっているはずです。

さぁ、身近にひそむ科学を探しに行きましょう。

　さて、本文に入る前に、料理の科学に関する、いくつかの用語を解説しておきましょう。
　食べものはさまざまな物質が集まってできています。そして、それらの物質は、ごくごく小さな粒が組みあわさってできています。
　そのいちばん小さい単位が「原子」で、これらをいくつか組みあわせてできるのが「分子」です。
　例えば、水は、たくさんの水分子が集まってできています。そしてこの水分子は酸素原子１つに水素原子２つがくっついたものです。２種類のビーズ（酸素原子と水素原子）を組みあわせて作った部品（水分子）を、じゃらじゃらとたくさん集めたような状態を想像してみてください。
　砂糖やはちみつの主成分である糖は、１つの部品を作るのに、もっとたくさんのビーズが使われています。はちみつに多くふくまれるブドウ糖は炭素原子６個、水素原子12個、酸素原子６個が集まって１つの分子になっていますし、砂糖の主な成分であるショ糖はこの約２倍の数の原子で作られています。こうしてできた分子が、さらにたくさん集まって固まり、砂糖の小さな１粒になります。
　ブドウ糖の部品を結びつけて、鎖のように長くつなげてい

くと「でんぷん」という成分になります。お米の粘り気や、片栗粉のとろみになる成分です。植物がエネルギー源として種や根にたくわえている成分でもあります。

　同じように、アミノ酸という小さな部品が、たくさんつながってできているのがたんぱく質です。たんぱく質に使われるアミノ酸は20種類あり、それぞれ10〜27個の原子が組みあわさって１つのアミノ酸分子になっています。アミノ酸の組みあわせによっていろいろなたんぱく質が作り出され、筋肉を作る材料になったり、体の中で起こるさまざまな変化を助ける「酵素」になったりします。

　これらの他にも食べものにはさまざまな物質がふくまれていて、料理をするなかで、変化したり、他の物質に影響をおよぼしたりしています。まな板の上やフライパンの中で、私たちの目には見えない小さなできごとが、たくさん起こっているのです。

　これから、その一部をかいつまんで、みなさんにお話ししていこうと思います。

# 1章 水と油、混ざるかな?

## 1. マヨネーズってなんだろう?

### ①マヨネーズとドレッシング

　マヨネーズは、ゆでたブロッコリーにつけたり、お好み焼きにかけたり、ツナとあわせたツナマヨ、エビとあわせたエビマヨなど、さまざまな料理に使われる人気者です。毎日食べるくらい好き！　という人もいるのではないでしょうか。

　では、そのマヨネーズ、いったい何からできているのでしょうか？　マヨネーズの色や味を思い浮かべながら、何が入っているのか予想してみましょう。まろやかな味に、ほんのり酸味と塩気もありますね。見た目は……うすいクリーム色。きっと黄色っぽい材料が入っているのでしょう。

　正解は、多い順に油、卵、お酢、食塩、それにこしょうが少々。お好みでからしを入れることもあります。

　ドレッシングの基本的な材料は油、お酢、食塩、こしょ

うなので、よく似ていますね。

しかし、マヨネーズとドレッシングには、大きなちがいがあります。油が入ったドレッシングは、混ぜてからしばらく置いておくと、油とそれ以外とに分かれてしまいます。そのため、使う直前に、よくふってからかける必要があります。

一方のマヨネーズはどうでしょうか。マヨネーズは時間がたっても油が分かれてしまうことはありません。冷蔵庫の中に1週間置いておいても、1か月置いておいても、とろりとしたクリーム状のままです。

## ②ドレッシングが分離してしまうのはなぜだろう？

ドレッシングの油が分かれてしまうのはなぜでしょうか。実は、「水と油のようだ」という慣用句もあるように、水と油は仲が悪く、互いにとけあわないのです。ドレッシングの材料であるお酢は、「酢酸」などの成分がとけこんだ水なので、やはり、油とは混ざりあうことができません。

ドレッシングをふったり、かき混ぜたりすると、一時的には混ざったように見えます。これは、水が細かい粒になって油の中に散らばるためです。この状態を「乳化」といいます。しかし、そのまましばらく置いておくと水と油に完全に分かれてしまいます。仲が悪い2つのチームを想像してみてください。それぞれのメンバーを、交互にとなりどうしの席

に座らせるよりも、油は油チーム、水は水チームでまとめて座ってもらったほうが、気持ちがいいようです。そのため、だんだん水の粒どうし、油の粒どうしがくっついて大きくなり、最後には油は油だけでひとかたまり、水は水だけでひとかたまりに分かれてしまうのです。

### 作ってみよう❶　しょうゆ味の和風ドレッシング

■材料
・サラダ油……大さじ２
・お酢……大さじ１½
・しょうゆ……大さじ１
・こしょう……少々

※すっぱいのが苦手な人は、砂糖小さじ⅓を加えるとよいでしょう。甘味には、酸味をおさえる効果があります。

■用意するもの
・ボウル
・泡立て器

■作りかた
①油以外を混ぜる
ボウルに油以外の材料を入れて混ぜあわせます。
②油を加える
油を加え、泡立て器でよく混ぜあわせます。全体的に白っぽく、とろりとしてきたら完成です。

お酢としょうゆはどちらも、水にさまざまな成分がとけこんだものなので、お互いよく混ざりあいます。しかし、サラダ油はどちらとも混ざりあうことができません。そのため、お酢としょうゆをあわせたところに油を加えても、お酢としょうゆが混ざった水の層（そう）が下に沈（しず）み、サラダ油が上に浮かんで分かれてしまいます。

　泡立て器でよく混ぜると、お酢としょうゆが細かい粒になって油の中に一時的に散らばりますが、時間がたつと、水の粒と水の粒がくっつきあって大きくなり、最終的にはお酢としょうゆが混ざった水の層とサラダ油の層に完全に分かれてしまいます。

## 2. マヨネーズの秘密（ひみつ）

### ①乳化（にゅうか）のしくみ

　マヨネーズも油とお酢（す）を使いますが、ドレッシングとはちがい、時間がたっても分かれてしまうことはありません。これはなぜでしょうか。マヨネーズの材料とドレッシングの材料をもう一度見比べてみましょう。

　ドレッシングの材料：油、お酢、食塩、こしょう

　マヨネーズの材料：油、卵（たまご）、お酢、食塩、こしょう

　何がちがうでしょうか？　そう、卵です！　どうやらここ

に、秘密が隠れているようです。

　卵を割ると、透明な卵白と、黄色い卵黄が出てきますね。この卵黄にふくまれている「レシチン」や「リポタンパク質」という物質が、秘密のカギを握っています。これらの物質は、油と仲がよい部分と、水と仲がよい部分、2つのパーツを持っています。

　水と油の境目にこの物質が入りこむとどうなるでしょうか。油と仲がよい部分は油側を、水と仲がよい部分は水側を向き、境目をおおってしまうのです。水も油も、苦手な相手と直接くっつく必要がなくなります。このような性質を持つ物質は、水と油が散らばって「乳化」した状態になるのを助けるため「乳化剤」と呼ばれます。マヨネーズは卵黄にふくまれる乳化剤のおかげで、水（お酢）の中に、とても小さな油の粒がたくさん散らばっている状態をたもつことができるのです。

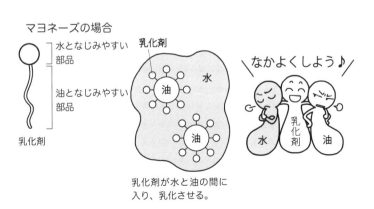

1章　水と油、混ざるかな？

## ②マヨネーズを作ってみよう

マヨネーズには、卵黄だけを使った卵黄マヨネーズと、卵黄と卵白の両方を使った全卵マヨネーズとがあります。乳化を助ける成分は卵黄にふくまれるので、卵黄の割合(わりあい)が多いほうが失敗しにくいです。まずは卵黄マヨネーズに挑戦(ちょうせん)してみましょう。

### 作ってみよう② 卵黄マヨネーズ

■**材料**（作りやすい量）
- 卵黄……2個分（約40g）
- サラダ油……160mL
- お酢……大さじ2
- 食塩……小さじ½
- こしょう……少々
- 練りがらし……小さじ2

■**用意するもの**
- ボウル（金属製かガラス製がよい）
- 泡立(あわだ)て器(き)
- スプーン
- ぬれふきん
- 計量カップなどそそぎ口のついた容器（あれば）

■**作りかた**
①**油以外の材料を混ぜる**
ボウルに卵黄、食塩、こしょう、練りがらしを入れて、泡立て器で混ぜあわせます。
さらに、お酢を少しずつ加えて、ときのばしましょう。
②**油を加える**
泡立て器でシャカシャカとかき混ぜながら、油を少量ずつ加えてい

きます。
はじめは油をスプーン1杯(ばい)入れたら10秒かき混ぜる、というようにゆっくり少しずつ。表面に油が浮(う)いてこなくなったら、次の油を入れましょう。とろみが出てきたら、油を加える量をだんだん増やしていきます。

■コツ
● ボウルは金属製かガラス製のものがおすすめ。プラスチックは油と仲がよいので、油が分離(ぶんり)しやすいです。ボウルが動きにくいようにぬれふきんなどを下に敷き、計量カップなどそそぎ口のついた容器に油を入れてそそぐとよいでしょう。
● 卵はなるべく新しいものを使いましょう。卵が古くなるにつれて、乳化剤のレシチンが少なくなってしまいます。

### 実験してみよう① オリジナルマヨネーズ

お酢の種類を変えてオリジナルのマヨネーズを作ってみましょう。
例：米酢(こめず)、穀物酢(こくもつす)、りんご酢、バルサミコ酢など

お酢の代わりにレモン汁(じる)でも作ることができます。レモン汁を使うと、よりさわやかでさっぱりとした風味にしあがります。
また、くだものにふくまれるペクチンは、乳化を助け、とろみを強くする効果もあります。できあがりのやわらかさを比べてみましょう。

### 調べてみよう1

マヨネーズを加熱したり、凍(こお)らせたりすると、分離してしまうことがあります。なぜでしょうか？（ヒント・解説は168ページ）

1章　水と油、混ざるかな？

水に油を加えても混ざりません。しかし、食器洗い用の洗剤を加えると、水と油が混ざるようになります。

　これは、洗剤にも「乳化剤」としての性質があるためです。食器の表面についた油汚れを乳化させ、水にとけやすくして、洗い流します。洗濯用洗剤も同様のしくみで汚れを落としています。

### 実験してみよう② 洗剤による水と油の変化を確かめよう

■用意するもの
・500mLペットボトル
・サラダ油……大さじ4
・水……大さじ4
・食器洗い用の洗剤……大さじ2

■方法
①水と油を混ぜてみる
ペットボトルに水とサラダ油を入れてしっかりとふたをします。これをよくふり混ぜると、油が小さい粒になって水の中に散らばります。
しかし、しばらく置いておくと、だんだん油の粒どうしがくっついて大きな粒になり、最終的には水と油に分離してしまいます。
②洗剤を加える
①のペットボトルに洗剤を加え、しっかりとふたをします。これを軽くゆするようにして混ぜると、水と油が混ざりあいます（激しくふると泡立ってしまうのでやさしく混ぜましょう）。
（注意：食器洗い用の洗剤を加えた水や油は食べられません）

# 2章 とろとろ卵、ぷるぷる卵

## 1. 固まる卵

### ①どうして卵は固まるの？

　ゆで卵、オムレツ、卵焼き、目玉焼きに温泉卵……みんなに人気のメニューの中には、卵を使ったものが多くあります。ここではそんな卵料理についての科学を紹介しましょう。

　まず、生の卵について思い出してみてください。今日の晩ご飯が卵料理なら、料理する前の生卵を見せてもらってもよいかもしれません。

　卵のカラを割ると、中から丸くて黄色い卵黄と、透明な卵白が出てきます。卵白はぷるぷるとしたゼリー状。卵黄はうすい膜に包まれていて、膜を破ると中からとろみのある液体が流れ出します。そして卵白と卵黄をはしや泡立て器などでよくときほぐすと、さらさらとした液体になります。

　では、生の卵をゆでたり、焼いたりして熱を加えるとどうなるでしょうか。卵には「熱すると固まる」という性質があります。そのため、卵のカラごとゆでれば卵のカラにそった形のゆで卵ができますし、フライパンに割り入れて焼けば、

2章　とろとろ卵、ぷるぷる卵　17

そのままの形で目玉焼きになります。ときほぐしてほかの材料とあわせたものを、カップに入れて蒸せばカップの形のプリンができますし、うすく焼いて巻けば卵焼きになります。

　なぜ、卵を加熱すると固まるのでしょうか？

　これは、卵に多くふくまれる「タンパク質」という成分の性質に関係しています。タンパク質は、アミノ酸というたくさんの小さな部品が鎖のようにつながり、折りたたまれてできています。そして、部品の組みあわせやつながりかた、折りたたまれかたによって、さまざまな種類があります。卵だけでなく、お肉やお魚にも多くふくまれていますし、私たちの体を作り上げている重要な成分でもあります（だから、しっかり食べなければいけないたいせつな栄養素です）。

タンパク質は種類によっていろいろな形のものがありますが、卵にふくまれるタンパク質の多くは、小さな粒状（つぶじょう）に折りたたまれています。生卵は、液体の中に小さな粒がたくさん浮（う）かんでいる状態なので、自由に流れたり、形を変えたりすることができます。しかし、ここに熱を加えていくと、タンパク質にある変化が起こります。折りたたまれていたタンパク質の鎖がほどけて、糸のようになり、からみあって網（あみ）のようになるのです。たくさんのタンパク質どうしがお互（たが）いにからみあっているため、ばらばらの粒だったときのようには自由に動けません。こうして、卵は固まるのです。

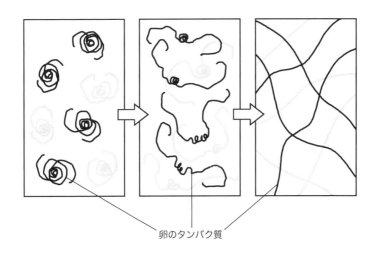

卵のタンパク質

## ②ゆで卵の作りかた

こうして卵を固めた料理のひとつが「ゆで卵」です。ゆで卵には、黄身にもしっかり火を通して固める「かたゆで卵」と、黄身をとろりとやわらかい状態にしあげる「半熟卵(はんじゅくたまご)」があります。みなさんはどちらが好きですか？

この2種類のゆで卵を作り比べてみましょう。

### 作ってみよう❸　半熟卵とかたゆで卵

■材料
- 卵……2個（1個は半熟卵に、もう1個はかたゆで卵にします）
- 食塩またはお酢(す)……量は作りかたの①を参照

■用意するもの
- 鍋(なべ)
- おたま
- ボウル
- ストップウォッチまたはタイマー

■作りかた
#### ①卵と水を鍋に入れる
鍋に卵を入れ、卵がかぶるくらいの水と、食塩またはお酢を入れて強火にかけます（水1Lに対して、食塩小さじ2またはお酢大さじ2が目安です）。ときどきおたまでやさしく転がしてあげると、黄身がかたよらず真ん中にきます。

#### ②卵をゆでる
ふつふつと沸騰(ふっとう)してきたら、弱～中火（卵が軽くゆれる程度の火加減）にします。ここからストップウォッチかタイマーで時間を計りましょう。

#### ③半熟卵を取り出す
沸騰して5分たったら、おたまを使って卵の1つをボウルに取り出

し、すぐに流水で冷やします。これが半熟卵です。
**④かたゆで卵を取り出す**
沸騰してから12分たったらもう1つの卵を取り出し、すぐに流水で冷やします。これがかたゆで卵です。
**⑤カラをむく**
卵が十分に冷えたらカラをむき、半分に切って、ゆで加減を確認してみましょう。上手に、半熟と、かたゆでにできたでしょうか？

　できあがったゆで卵は、サラダなどにそえてもよいですし、食塩をふって食べてもよいでしょう。

## ③温泉卵にチャレンジ

　卵には、お湯に接している部分から熱が伝わるので、外側にある白身から先に加熱されます。そのため、短時間で火からおろせば白身だけが固まって半熟卵にしあがりますし、しっかりゆでれば黄身までしっかり固まってかたゆで卵になります。

　しかし「温泉卵」と呼ばれるものは、半熟卵とは逆の状態になっています。つまり、内側にある黄身だけが固まって、外側の白身はやわらかいままのゆで卵なのです。

　どうしたらそんなものができるのでしょう？　何か特別な加熱方法で、卵の真ん中にだけ熱を加えるのでしょうか？　それとも、白身と黄身を取り出して、別々に加熱するのでしょうか？　いいえ、ちがいます。温泉卵は、白身と黄身

の、ある〝ちがい〟を利用して作られています。

　白身と黄身は、見ての通り色がちがいますし、食感もちがいます。生の白身はぷるぷるとしていますし、黄身はとろとろしています。これは、白身と黄身にふくまれている成分がちがうからです。

　水分や油がどれくらいふくまれているのか、どんな種類のビタミンやタンパク質をふくんでいるのか、など、さまざまなちがいがあります。

　18〜19ページで「卵が固まるのにはタンパク質の変化が関係している」ということ、そして「タンパク質にはいろいろな形、種類のものが存在する」ということについて説明しました。

　白身にふくまれているタンパク質と、黄身にふくまれているタンパク質も、種類がちがっていて、固まる温度もちがいます。

　白身は58℃くらいから少しずつ固まる反応が始まり、60〜65℃で白くてやわらかいゼリー状になります。しかし、この段階ではまだ完全には固まらず、70〜80℃になってようやく、完全に固まります。

　これは、白身の中に、低めの温度で固まるタンパク質と、高い温度で固まるタンパク質の両方がふくまれているからで

す。一方、黄身は、65℃くらいから固まりはじめ、68〜70℃でしっかりと固まります。

このように、黄身は白身よりも低い温度で固まることができるので、白身は固まらないけれど黄身は固まる温度、つまり65〜70℃をたもってじっくりと温めれば、黄身だけが固まった温泉卵を作ることができるというわけです。

### 作ってみよう④　温泉卵

■材料
・卵……1個
・沸騰したお湯……適量

■用意するもの
・ふた付きのどんぶり（ふたがない場合は皿などで代用する）

■作りかた

①下準備をする
卵はあらかじめ冷蔵庫（れいぞうこ）から出して20〜30分ほど置き、室温に戻（もど）しておきましょう。

②お湯をそそぐ
卵をどんぶりに入れ、沸騰したお湯をどんぶりのフチからそっと、たっぷりそそぎます（卵に直接かけないようにしましょう）。容器や卵に熱がうばわれ、70℃前後までお湯が冷めていきます。

③30分間温める
どんぶりにふたをしてそのまま置いておきます。30分たったら完成です。

**こんな方法も……**
炊飯器（すいはんき）の保温モードは、たいてい、70℃前後をたもつように設定されています。そのため、炊飯器にお湯と卵を入れて保温モードに

しておくだけでも温泉卵を作ることができます。
#### ①卵とお湯を入れる
炊飯器の内釜(うちがま)に卵を入れ、沸騰したお湯を3合の線までそそぎ、さらに常温の水を4合の線までそそぎます（しばらくすると内釜や卵、水に熱がうばわれて、70℃前後にお湯が冷めます。内釜の材質や大きさによってもちがいがあるので、温度計などで測るとより正確です）。
#### ②保温する
ふたをして保温モードにし、置いておきましょう。30分たったら卵を取り出して、冷水で冷まして完成です。

### 調べてみよう2

ゆで卵をゆでるときに、お湯に食塩やお酢を入れるのはなぜでしょう？（ヒント・解説は168ページ）

### 調べてみよう3

ゆでた後の卵をすぐに冷水に入れるのには2つ理由があります。1つは、カラがむきやすくなるため。もう1つは、卵の黄身が黒く変色するのを防ぐためです。なぜ、すぐに冷やすとカラがむきやすくなったり、変色を防いだりできるのでしょうか？（ヒント・解説は168ページ）

## 実験してみよう3　ゆで卵を加熱する温度と時間

加熱する温度と時間によって、さまざまな状態のゆで卵を作ることができます。温度と時間を変えて作り比べてみましょう。

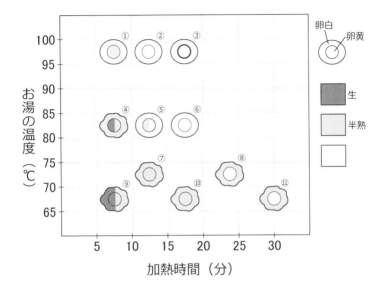

①卵白凝固、卵黄は半熟（作ってみよう③の半熟卵）

②卵白・卵黄とも凝固（作ってみよう③のかたゆで卵）

③さらに卵黄の周りが黒く変色する（沸騰後 15 ～ 20 分）

④卵白半熟、卵黄は半熟と生の中間

⑤卵白凝固、卵黄はほぼ固まるが中心は半熟

⑥卵白・卵黄とも凝固

⑦卵白・卵黄とも半熟

⑧卵白半熟、卵黄は凝固

⑨卵白・卵黄とも半生

⑩卵白・卵黄とも半熟

⑪卵白半熟、卵黄は凝固（作ってみよう④の温泉卵）

出典 「調理と理論」（山崎清子他著　同文書院）

## 2. ぷるぷるやわらかい卵料理

### ①プリンを作ろう

　プリンや茶碗蒸しも、卵から作られます。

　プリンは、ときほぐした卵に牛乳と砂糖を加え、バニラエッセンスで香りづけ。カラメルといっしょに器に入れて、蒸し器で蒸したり、オーブンで蒸し焼きにしたりして作ります。

　茶碗蒸しの場合は、ときほぐした卵にだしを加え、食塩やしょうゆで味つけします。これを鶏肉やエビなどの具といっしょに器に入れて、蒸し器で蒸したらできあがりです。

　ほかの卵料理と同じように、卵のタンパク質が加熱によって固まる性質を利用していますが、だしや牛乳でうすめることで、卵だけの状態に比べてやわらかく固まります。茶碗蒸しやプリンのおいしさは、このぷるぷるとやわらかい食感によって作られているといえるかもしれません。


　さて、このぷるぷるやわらかい食感を作り出すには、実はちょっとしたコツがあります。生の茶碗蒸しやプリンを、ただ蒸し器で蒸すだけだと、かたくなってしまったり、表面や中がぶつぶつに泡立って、見た目や食感が悪くなったりして、あまりおいしくできません。

ポイントは、蒸し器のふたをちょっと開けておくこと。ふたと蒸し器の間に、菜ばしを1本はさんでおけばよいでしょう。

　たったこれだけで、茶碗蒸しもプリンも、お店で買ってきたようななめらかな食感と見た目にしあがります。

　これには、蒸し器の中の温度が関係しています。

　水を加熱すると、100℃で沸騰して水蒸気に変わります。これを蒸し器の中に満たすことで、100℃近い温度で食べものを温めることができます。しかし、この100℃という温度、茶碗蒸しやプリンにはちょっとだけ高すぎるのです。

　蒸し器の中の温度が高ければ高いほど、中身はより早く高温になり、卵のタンパク質は急激に固まろうとします。

　その一方で、高温になることで、卵にふくまれていた空気がふくらんだり、水分が水蒸気に変わったりして、小さな泡が発生します。この泡が外に逃げ出す前に、卵が急激に固まってしまうため、逃げ出せなかった泡がぷつぷつと穴になって残ってしまい、食感が悪くなるというわけです。

　また、卵は80℃にもなれば十分固まりますが、100℃の蒸し器で蒸すと90℃近くまで温度が上がります。卵のタンパク質は、高温にすればするほどかたくなってしまうので、これも食感を悪くする原因です。

　蒸し器のふたをちょっと開けておくと、ここから外の空気

が流れこみ、蒸し器の中の温度が少しだけ下がります。だいたい85〜90℃くらい。これくらいの温度でゆっくりと加熱すると、卵は80℃程度まで温まります。これは、泡が発生しにくく、しかも卵は固まるけれどかたくはならないちょうどよい温度なのです。

　オーブンで蒸し焼きにするという方法もあります。天パンや深めのバットにプリン液を入れた容器を並(なら)べ、周りにお湯をそそいで、150〜160℃に温めたオーブンに入れます。

　蒸し器で加熱するよりも高温になってしまうように思うかもしれませんが、蒸気で満たされた蒸し器に比べると、オーブンの中は乾燥(かんそう)していて、熱の伝わりかたがゆっくりとしています。そのため、この状態で30分ほど加熱してようやく、卵の温度が80℃になり、ちょうどよく固まるのです。

## 作ってみよう❺ カラメルプリン

■材料（2個分）

■**カラメルの材料**
・砂糖……大さじ1
・水……小さじ1＋大さじ1

■**プリンの材料**
・卵（Mサイズ）……1個
・牛乳……120mL
・砂糖……大さじ2
・バニラエッセンス……1滴(てき)

■**用意するもの**
・プリン容器（または小さいカップ）……2個
・小鍋(こなべ)
・蒸し器
・へら
・ぬれふきん
・泡立て器(わ)
・ボウル
・菜ばし
・茶こし（あれば）

■**作りかた**
**①カラメルを作る**
小鍋に砂糖大さじ1と水小さじ1を入れ、へらなどで混ぜながらゆっくりと加熱します。褐色(かっしょく)に色づき、白い泡が立つようになったら水大さじ1を加えて火を止めます（水を加える際、ジュッと大きな音がして、カラメルがはねることがあります。火傷(やけど)しないように注意しましょう）。すぐに鍋をぬれふきんの上にのせて冷まし、固まらないうちにプリン容器に半量ずつそそぎ分けます。

**②プリン液を作る**
ボウルに卵を割(わ)りほぐし、牛乳を加えて泡立て器で混ぜあわせます。砂糖とバニラエッセンスを加えて、砂糖がとけきるまで、泡立

たないようにやさしくよく混ぜあわせましょう。
### ③そそぎ分ける
プリン液を器にそそぎ分けます。このとき、茶こしでこしながらそそぐと、よりなめらかにしあがります。
### ④蒸す
蒸し器に水を入れて火にかけ、水が沸騰して蒸気が出てきたら、③の容器を並べます。

温度が高くなりすぎないよう、ふたに菜ばしを1本はさんで、弱火でじっくり蒸しましょう。15分ほど蒸したら、火を止めて、菜ばしを取り、しっかりとふたをした状態で冷まします。
### ⑤冷やす
粗熱（あらねつ）がとれたら、蒸し器から取り出し、冷蔵庫（れいぞうこ）に入れて2〜3時間冷やしたらできあがりです。

### ■オーブンでの加熱方法
　オーブンを150〜160℃に予熱します。天パンやバットに③を並べ、周りに沸騰したお湯をそそぎます。オーブンに入れて30分ほど蒸し焼きにします。

　加熱しおわったら、蒸し器で作る場合と同じように、粗熱をとって冷蔵庫で冷やします。

## ②砂糖の量でとろとろに

プリンの食感を決めるのは、温めかただけではありません。砂糖の量によっても、プリンのかたさが変わります。

砂糖には、卵のタンパク質が固まるのを防ぐ効果があります。19ページでも説明しましたが、卵を加熱すると、折りたたまれていたタンパク質の鎖(くさり)がほどけて糸のようになり、からみあって網(あみ)を作り固まります。ところが、ほどけたタンパク質の鎖に砂糖がくっつくと、鎖どうしがからみあって網状になるのをじゃまするため、タンパク質が固まりにくくなります。

一般的(いっぱんてき)なプリンにふくまれる砂糖の量は10〜15％程度ですが、砂糖の量を30％以上にすると、どろどろとして固まりにくくなりますし、逆に砂糖をまったく加えないと、ぷりっとかたいプリンになります。

プリンにカラメルソースをかけるのは、ほろ苦さや香りをつけるだけではなく、甘味(あまみ)を補(おぎな)う役割(やくわり)もあります。砂糖を入れすぎるとプリンが固まりにくくなってしまうため、プリン自体に加える砂糖は10〜15％程度にとどめ、後からカラメルソースで甘味をたしているのです。

## 実験してみよう④ 砂糖の量を変えるとプリンはどうなる？

砂糖の量を変えて、プリンを作り比べてみましょう。

### ■材料
- 卵（Mサイズ）……3個
- 牛乳……360mL
- 砂糖……100g
- バニラエッセンス……3滴

### ■用意するもの
- プリン容器（または小さいカップ）……5個
- 泡立て器
- ボウル
- 茶こし（あれば）
- はかり

### ■方法
#### ①卵と牛乳をあわせる
ボウルに卵を割りほぐし、牛乳とバニラエッセンスを加えて泡立て器で混ぜあわせ、茶こしでこしてなめらかにします。はかりで100g、90g、80g、70g、60gを量りとります。

#### ②砂糖を量る
砂糖は10g、20g、30g、40gを量りとっておきます。

#### ③プリン液を作る
右の表を参考に、卵と牛乳を混ぜあわせたものに砂糖を加えてプリン液を作ります。泡立て器を使いまわす場合は、❶から❺の順に使うとよいでしょう。

#### ④器にそそぐ
砂糖がとけきるまでよく混ぜあわせたら、プリン液を容器にそそぎ入れます。あとは、通常のプリンの作りかたと同じように、蒸しましょう。

|  | ❶砂糖<br>0% | ❷砂糖<br>10% | ❸砂糖<br>20% | ❹砂糖<br>30% | ❺砂糖<br>40% |
|---|---|---|---|---|---|
| 卵＋牛乳 | 100g | 90g | 80g | 70g | 60g |
| 砂糖 | 0g | 10g | 20g | 30g | 40g |

砂糖40％のプリンはとても甘いので、味見をした後は砂糖0％のプリンといっしょに食べるか、トーストなどにぬって食べるのがおすすめです。

また、卵液があまったら、卵液100gあたり砂糖大さじ1を加えて、ほかのものと同じように蒸せば、おいしく食べられます。

### 調べてみよう4

カラメルは、容器に入れると冷めて一度固まりますが、蒸して温めると再びとけて液状になります。しかし、とけたカラメルとプリン液が混ざってしまうことはありません。なぜでしょうか？（ヒント・解説は169ページ）

2章 とろとろ卵、ぷるぷる卵

# 3章 牛乳が大変身!?

## 1. 牛乳の成分

　チーズやバター、生クリーム、ヨーグルトなどの乳製品はどれも、牛乳を原料に作られています(ヤギ乳や羊の乳など、牛以外の動物の乳を使うこともあります)。それぞれどうやって作られているのか知っていますか？　この章では、乳製品がどのように作られるのか、そのとき牛乳の成分はどのように変化しているのかについてお話ししましょう。中には、家のキッチンで手軽に作れるものもあるので、試してみましょう。

　牛乳のほとんどは水ですが、その中に、タンパク質や乳脂肪、乳糖といった成分がとけたり混ざったりしています。タンパク質は、2章でもお話ししましたが、私たちの体を作り上げている成分でもあり、さまざまな形のものが存在します。乳脂肪は、牛乳にふくまれるあぶらのこと。乳糖は、砂糖に似ていて、ほんのりと甘い成分です。

## 2. 牛乳の脂肪

### ①生クリーム

　牛乳の脂肪は、ほかのあぶらと同じく、水にとけることはありません。あぶらは水と仲が悪いので、無理やりかき混ぜても、時間がたつと完全に分かれてしまいます。

　しかし牛乳のあぶらは、小さい粒になって特殊な膜で包まれているため、水の中にただようことができるのです。これは、12〜13ページで説明しているマヨネーズと同じようなしくみです。

　ただし、牛乳のあぶらは、あくまで小さな粒になってただよっているだけなので、完全に水にとけているわけではありません。

　そのため「遠心力」という力をかけると、あぶらの多い部分と少ない部分とに分けることができます。こうしてあぶらの多い部分を取り出したのが、生クリームです。

### ②バター

　あぶらの粒は、ある程度小さければ水の中をただよっていることができます。しかし、粒どうしがくっついて大きくなると、ただよっていられず、あぶらのかたまりとなって分かれてしまいます。

生クリームをよくふり混ぜると、あぶらの粒をおおっていた膜が破れて粒どうしがくっつき、大きくなったあぶらの粒がバター粒となってあらわれます。これを集めて練り上げたのがバターです。

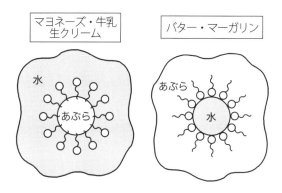

【豆知識】『あぶら』と『あぶら』
　サラダ油やごま油のように常温で液体のあぶらは「油」、バターやマーガリンのように常温で固体のあぶらは「脂」と書きます。どちらも読みかたは「あぶら」です。両方をあわせて「油脂」と呼びます。

## 作ってみよう⑥ バター

■材料
- 生クリーム（動物性、乳脂肪分40%以上）……200mL
  （※乳脂肪分が多いものが作りやすいです）
- 水……200mL
- 食塩……小さじ¼

■用意するもの
- スクリューキャップ式のタッパー（容量が500mL以上のもの）
  （なければ500mLペットボトル）
- へら
- ボウル

■準備
生クリームと水は冷蔵庫でよく冷やしておきます。

■作りかた
### ①生クリームをふる
タッパーに生クリームを入れて、しっかりとふたをします。これを20分程度激しく上下にふりましょう（生クリームが温まると、うまくバターができないことがあるので注意しましょう。タッパーをタオルなどで包んでその上から持つようにすると手の温度が伝わりにくく、生クリームが温まりにくいです）。

### ②生クリームが変化する
はじめはバシャバシャとした音がしますが、5分ほどふっているうちに、だんだんと泡立ってきて音がしなくなります。さらにふり続けると、10〜15分ほどで再び、水をふっているような音がするようになります。水音が大きくなり、しっかり分離したらふるのをやめましょう。

### ③バターミルクを取り出す
固形のバター粒が出てこないようにそっと、液体部分だけを器に出します。この液体はバターミルクといって、栄養がたっぷりふくまれているので、捨てずに使うとよいでしょう。そのまま飲むこともできますし、パンケーキなどのお菓子作りにも使えます。

④バター粒を洗う

冷やしておいた水をタッパーに入れて、バター粒をさっと洗います。バター粒をこぼさないように気をつけながら水を捨てましょう。

⑤バターを練る

バター粒をボウルに取り出し、残っている水分を押し出すように、へらでよく練ります。食塩を加えてさらに練り、よく混ざったらできあがりです。

※タッパーがない場合は、500mLペットボトルを使うこともできます。バター粒を取り出すときは、ペットボトルにカッターナイフで切りこみを入れてから、ハサミを使って切り開きます。難しい場合はおとなの人に手伝ってもらい、手を切らないよう気をつけましょう。

　できあがったバターは、そのままパンやクラッカーにぬったり、はちみつやナッツ、レーズンを混ぜこんだりして食べるとおいしいですよ。

**ほかにも……**

・ナッツバター：
　バター（生クリーム200mL分）＋ナッツ（30g、粗く刻む）
・レーズンバター：
　バター（生クリーム200mL分）＋レーズン（30g、ほかのドライフルーツでもよい）

# 3. 牛乳のカゼイン

## ①ヨーグルト

　牛乳の中でとけずにただよっている成分は、あぶらだけではありません。牛乳にふくまれるタンパク質のうち「カゼイン」というものは、いくつか集まって小さな粒を作り、水にとけこむことなくただよっています。あぶらの粒を集めて固

めるとバターができますが、カゼインの粒を集めると、チーズやヨーグルトができます。

　カゼインは、牛乳に酸を加えることで集めることができます。カゼインは酸性になると、お互いに引き寄せあって、くっついてしまう性質があるからです。

　これによって作られる食べもののひとつが、ヨーグルト。乳酸菌という菌のはたらきによって作られる発酵食品です。乳酸菌は、牛乳にふくまれる乳糖を栄養にして「乳酸」という酸を作り出し、その酸のはたらきでカゼインがくっつき固まります。チーズは、乳酸を作る乳酸菌だけでなく、カゼインが固まるのを助ける酵素も加えて固めています。

## ②チーズ

　しかし、乳酸菌の力を借りて牛乳を固めようと思ったら、乳酸菌と、乳酸菌が増えるのにちょうどよい条件を用意してあげる必要があるので、おうちでマネをするにはちょっとめんどう。また、ていねいに準備しないとほかの菌のはたらきによって牛乳が腐ってしまう可能性もあります。

　そこで、もっと手軽に作れるチーズを紹介しましょう。それは、レモン汁やお酢を使って作るカッテージチーズです。レモンにはクエン酸、お酢には酢酸という酸がふくまれているため、牛乳に加えるとどろりと固まります。

## 作ってみよう❼ カッテージチーズ

■**材料**（約60g分）
・牛乳……250mL
・レモン汁（またはお酢）……大さじ1

■**用意するもの**
・コーヒードリッパー、ろ紙（ざるとさらしでもよい）
・小鍋(こなべ)と温度計または、マグカップと電子レンジ

■**作りかた**
①**牛乳を60℃程度に温める**
牛乳を小鍋に入れて火にかけます。または、マグカップに入れて電子レンジで加熱します。温度計で測るか、温め温度を設定できる電子レンジを使うとある程度正確に60℃に近づけることができます。温度計がない場合は、小さな泡(あわ)がプツプツと出てくる程度、もしくは、指でギリギリさわれる程度の熱さになるまで温めましょう。
②**固める**
温めた牛乳にレモン汁もしくはお酢を加え、素早(すばや)く混ぜます。しばらくすると、もろもろとした白いかたまりと、黄色っぽい水分とに分離(ぶんり)してきます。
③**こす**
②を、ろ紙をセットしたコーヒードリッパー（もしくは、さらしとざる）に流しこみます。そのまましばらく置いておき、ある程度水分が落ちたらできあがりです（押(お)したりしぼったりするとボソボソになるので、自然に水分が落ちるのを待ちましょう）。

この作りかたでも十分おいしく作ることができますが、残ったレモン汁やお酢のにおいが気になるという場合は、さらしとざるを使って作り、「ふり洗い」をするといいでしょう。

　ざるにさらしをのせたところに、②を入れ、水分がある程度落ちたら、さらしでやさしく包んで、水を入れたボウルの中で軽くふり洗いします。それから、さらしごと水から取り出し、水分が自然にしたたり落ちたらできあがりです。

　カッテージチーズを作るときに、分離される液体を「乳清（ホエー）」といいます。こちらには、カゼイン以外のタンパク質や、乳糖やミネラル、ビタミンなど、水にとけやすい栄養素が豊富にふくまれています。捨てるのはもったいないので、容器に取りわけておいて、こちらも料理などに利用しましょう。

　レモン汁で作った場合は、はちみつとレモン汁を大さじ1ずつ加えてよく混ぜると、レモネード風のドリンクとしておいしくいただけます。夏は冷やして飲んでもいいですし、冬は、温かいままで、しょうがのしぼり汁を加えて飲むと牛乳くささが気になりません。

　お酢で作った場合は、カレーなど味のこい煮こみ料理に、

煮汁として加えるとよいでしょう。

　カッテージチーズは、はちみつをかけて食べてもおいしいですし、食塩をふって味つけし、バゲットやクラッカーにのせたり、サラダにのせたりしてもよいでしょう。

## おいしいレシピ1
### トマト、アボカド、カッテージチーズのサラダ

■材料
- カッテージチーズ……60g（牛乳250mL分）
- トマト……1個
- アボカド……1個
- 食塩……小さじ½弱
- レモン汁……小さじ1弱

■作りかた
①**アボカドを切る**
アボカドは半分に割って種を取り、皮をむいて1cm角のさいの目に切ります。
すぐにレモン汁をまぶしておきましょう（変色を防ぐため）。
②**トマトを切る**
トマトはヘタを取って、1cm角のさいの目に切ります。
食塩を加えて軽く混ぜます。
③**あわせる**
アボカド、トマト、カッテージチーズをあわせてざっくりとあえてできあがりです。

## 実験してみよう⑤ カッテージチーズを作り比べよう

カッテージチーズは、使用する酸の種類や分量、牛乳を温める温度によって、粒の大きさやかたさ、食感が変わります。

今回は最も一般的な作りかたを紹介しましたが、これらの条件を変えて作り比べてみましょう。

- **酸の種類**：レモン汁、お酢、など
- **酸の量**：牛乳250mLに対して、小さじ1、小さじ2、大さじ1、大さじ1⅓……
- **牛乳を温める温度**：45℃、60℃、75℃、90℃……

3章 牛乳が大変身!?

つぶしたいちごに牛乳をかけていちごミルクを作ると、牛乳の一部が固まってどろりとすることがあります。これも、牛乳のカゼインが酸によって固まるため。いちごにふくまれるクエン酸などの酸がカゼインを集めて固めています。ほかにも、りんごや桃、レモン、パイナップルなどのくだものでも、牛乳が固まることがあります。

## 作ってみよう❽　カンタンいちごミルク

■**材料**（1人分）
・いちご……70gくらい
・牛乳……150mL
・砂糖……小さじ1～2

■**用意するもの**
・器
・フォーク

■**作りかた**
いちごはヘタを取り、器に入れてフォークでつぶします。
ある程度つぶれたら牛乳と砂糖を入れてよく混ぜあわせてできあがり。

# 4章 色が変わるおもしろ食べもの

## 1. 色素

　食べもののおいしさを決めるのは、味やにおいだけではありません。食べものの見た目も、食欲を引き出したり、食べものをおいしそうに見せたりする効果があります。

　この章では、食べものの見た目、特に「色」に注目してみましょう。

　食べものには、赤、紫、緑、橙、茶、白など、さまざまな色のものがあります。これは、それぞれの食べものが、どのような色素をたくさん持っているかによって決まります。

　赤色の色素が多ければ赤くなりますし、緑色の色素がたくさんふくまれていれば緑色になります。同じ種類の野菜でも、ふくまれている色素の種類がちがえば、見た目もずいぶん変わります。

　例えば、トマトやミニトマトには赤色のものだけでなく、黄色や紫色、緑色などさまざまな色のものがあります。最近は、スーパーの野菜売り場ややおやさんでも身近に見かけるようになりました。一般的なトマトは、若いうちは緑色です

が、熟してくるとリコピンという赤色の色素を多く作り出し、真っ赤に色づきます。

しかし、トマトの中にはリコピンを作らない品種があります。このようなトマトは熟しても赤くならず、緑色のままです。また、アントシアニンという紫色の色素を作るトマトもあります。この場合、もともとふくまれている赤や緑の色素と混ざりあって、黒っぽい紫色のトマトになります。

このように、色とりどりの食べものを作り出すさまざまな色素について、順番に紹介していきましょう。

## 2. 酸／アルカリで変わる色

### ①紫色の色素「アントシアニン」

まずはじめに紹介するのはアントシアニンという紫色の色素です。なすの皮や紫キャベツ、いちごやブルーベリーなどのベリー、ぶどう、紫玉ねぎ、ラディッシュ、みょうが、赤しそなどにふくまれています。

この色素は、中性では紫色ですが、酸性にするとより赤っぽい色に変わり、アルカリ性にすると青や緑色に変化するという性質があります。

なすの皮や紫キャベツからアントシアニンをとかし出した液に、レモン汁やお酢を加えて酸性にするとピンク色に変わ

りますし、重曹などを加えてアルカリ性にすると明るい青色に変わります。

ではさっそく、色の変化を確かめてみましょう。

## 作ってみよう⑨ アントシアニン液

■材料
- 紫キャベツ……1枚
- 熱湯……100mL

■用意するもの
- 包丁
- まな板
- 耐熱容器
- 茶こしまたはざる

■作りかた

**①紫キャベツを切る**
紫キャベツは、包丁で細かく刻み、耐熱容器に入れます。

**②お湯をそそぐ**
熱湯をそそぐと、湯が青紫色に色づいてきます。5分ほど置いてから軽くかき混ぜ、茶こしやざるなどで液をこしてキャベツを取りのぞいたらできあがり。
紫キャベツの代わりに、なすの皮1本分または赤しそひとつかみを使っても同じように作ることができます。

........................................

**ぶどうジュースでかんたんに**

　紫キャベツやなすの皮に比べると、少し色が暗くてわかりにくいですが、よりかんたんに作ることができます。
- 100%ぶどうジュース……大さじ2

4章　色が変わるおもしろ食べもの

・水……大さじ4
ぶどうジュースと水を混ぜあわせてできあがり。

## 実験してみよう⑥ アントシアニン液の色の変化を確認しよう

■用意するもの
・アントシアニン液……90mL
・透明なコップ（プラコップなど）……3個
・ティースプーン……3本
・水
・お酢
・重曹水（少量の重曹を水にとかしたもの）
・白い紙

■方法
①アントシアニン液を分ける
作ったアントシアニン液を大さじ2ずつ、3つのコップにそそぎ分けます。
②色の変化を確認する
3つのコップにそれぞれ、重曹水、水、お酢をティースプーン1杯分ずつ加えます（スプーンは使いまわさずに別々のものを使いましょう）。
白い紙の上にのせると、色のちがいがわかりやすいです。

　それぞれ色はどのように変わったでしょうか？　水を加えたものは中性のままなので、ほとんど色は変わりません。

　重曹水を加えると、液がアルカリ性に変わるのでより青っぽい色に変わります。お酢を加えると、液が酸性に変わるの

でより赤っぽい色に変わります。

> **実験してみよう⑦** 酸性・アルカリ性を調べてみよう
>
> アントシアニン液の色が変わる性質を利用して、身近なものの酸性、アルカリ性を調べてみましょう。
> ・**キッチンにあるもの**……レモン汁、食器洗い用の洗剤、炭酸水、卵の白身、マヨネーズ
> ・**家の中にあるもの**……化粧水、シャンプー、洗濯用洗剤、虫刺されの薬
> ・**外にあるもの**……川の水、雨水

やりかたは、「実験してみよう⑥」の「アントシアニン液の色の変化を確認しよう」と同じ。透明なコップにアントシアニン液をそそぎ分け、調べたいものを少量加えます。

アントシアニンの色が変わる性質は、実験だけでなく、ふだんの料理の中でも見ることができます。
お寿司についてくるピンク色の「ガリ」は新しょうがを甘酢につけたもの。新しょうがは、しょうがの中でも夏に出てくるみずみずしいもので、うすいクリーム色をしています。しかし、なすや紫キャベツほどこい色ではありませんが、アントシアニン色素をふくんでいるため、甘酢につけると酸性になってほんのりとピンク色に色づくのです。

4章　色が変わるおもしろ食べもの　49

梅干しの赤色も、アントシアニンの色です。梅干しは、梅の実を塩づけにし、赤しそといっしょにつけこんで作ります。赤しそから出る汁は、もともとは暗い紫色ですが、梅にふくまれるクエン酸によって酸性になり、あざやかな赤色に変わります。

　また、紫キャベツや紫玉ねぎ、ラディッシュなどを甘酢につけるとあざやかな赤色に色づきます。サラダに加えたり、お肉料理にそえたりすると、いろどりがよくなります。

## 作ってみよう⑩　紫キャベツのピクルス

■材料（2人分）
・紫キャベツ……100g
＊お酢……大さじ2
＊砂糖……大さじ1
＊食塩……小さじ¼
＊こしょう……少々

■用意するもの
・包丁
・まな板
・鍋
・ざる
・ボウル

■作りかた
①甘酢を作る
ボウルに＊の材料を入れてよく混ぜあわせ、甘酢を作ります。
②紫キャベツを切る
紫キャベツは太めの千切りにします。

> ③ **紫キャベツをゆでる**
> 鍋にたっぷりのお湯をわかし、紫キャベツを入れて20秒程度ゆでたら、ざるに上げてさっと流水にさらして冷まし、水気をきります。
> ④ **混ぜあわせる**
> 紫キャベツの水気をぎゅっとしぼって甘酢に加えます。軽く混ぜあわせたら1時間ほど寝かせて完成です。

　味がなじむまで1時間ほど寝かせますが、色は5〜10分程度で変わります。時間がたつごとに、徐々にあざやかな赤色へと変化していくのを観察してみましょう。

　キャベツをゆでたゆで汁にも、アントシアニンがとけ出しているので、とっておいて、「実験してみよう⑦」の「酸性・アルカリ性を調べてみよう」の実験に使うこともできます。

　そのまま食べてもよいですし、チキンソテーなどのお肉料理にそえてもさっぱりとしておいしいですよ。

　アントシアニンの性質を活用すると、ちょっと変わった色のホットケーキを作ることもできます。ホットケーキミックスにブルーベリージャムを加えて焼くと、なんと緑色に変わるのです。

4章　色が変わるおもしろ食べもの

## 作ってみよう⑪ ブルーベリージャムのグリーンホットケーキ

### ■材料（3～4枚分）
- ホットケーキミックス……1袋（150～200g入り）
- 牛乳……ホットケーキミックスの袋の表示通り
- ブルーベリージャム……大さじ1½～2
- レモン汁……大さじ2
- 砂糖……大さじ4

### ■用意するもの
- 電子レンジ加熱可能な容器
- ボウル
- 泡立て器
- おたま
- フライ返し
- フライパン
- 電子レンジ
- その他、ホットケーキミックスの袋に書かれているもの

### ■作りかた
#### ①レモンシロップを作る
電子レンジ加熱可能な容器に、レモン汁と砂糖を入れて、砂糖がレモン汁に完全にひたるようにします。ラップをせずに電子レンジに入れて、500Wで1分程度加熱し、そのまま冷ましておきます。

#### ②ホットケーキの生地を作る
ホットケーキミックスの袋に書かれた表示通りに、ホットケーキの生地を作ります。卵と牛乳を使ったレシピと、牛乳だけのレシピがある場合は、牛乳だけで作ったほうがよりきれいに色が出ます。

#### ③ブルーベリージャムを加える
ホットケーキの生地にブルーベリージャムを加えて混ぜます。150g入りのホットケーキミックスの場合は大さじ1½、200g入りのホットケーキミックスの場合は大さじ2が目安です。

#### ④焼く

袋に書かれた表示通りに焼きましょう。
焼いているうちに、生地の色が紫色から青色、青色から緑色へと変化していきます。

　焼きあがったらお皿にのせて食べましょう。
　また、ホットケーキの一部に、①で作ったレモンシロップをかけてみましょう。
　生地にシロップがしみこむと、緑色の生地の色がうすい紫色～ピンク色に変化します。

　ホットケーキミックスには、生地をふくらませるための材料として、重曹がふくまれています。

　重曹は水といっしょに加熱すると、分解して二酸化炭素を発生させるため、細かい泡ができて生地がスポンジのようにふくらむのです。

　重曹は分解されると、「炭酸ナトリウム」という物質に変わります。重曹自体も弱いアルカリ性を示しますが、炭酸ナトリウムはより強いアルカリ性を示します。そのため、ブルーベリージャムにふくまれるアントシアニンの色が変化

4章　色が変わるおもしろ食べもの　53

し、緑色に変わるのです。

　また、ここにレモンシロップをかけると、レモンにふくまれるクエン酸によって生地の一部が酸性に傾(かたむ)き、再び色が変化します。

## ②カラフル焼きそば

　酸性、アルカリ性で色が変わるのはアントシアニンだけではありません。

　カレー粉に入っている「ターメリック（うこん）」というスパイスには、クルクミンという黄色の色素がふくまれています。この色素は、酸性から中性では黄色く、アルカリ性にすると赤く変化します。

　また、れんこんやカリフラワーなどにふくまれているフラボノイドという色素は、酸性で白色、アルカリ性でうすい黄色に変化します。そのため、れんこんやカリフラワーをゆでるときには、お湯にお酢を加えてゆでると、より白く、美しくしあがります。

　フラボノイドは小麦粉にもふくまれています。うどんと中華麺(ちゅうかめん)は、どちらも小麦粉を水で練って作られていますが、うどんは白色、中華麺は黄色と、見た目がずいぶんちがいますね。

これは、生地をのばしやすくするために加える材料がちがうからです。うどんには、小麦粉と水のほかに、食塩を加えて作りますが、中華麺の場合には「かんすい」というアルカリ性の液を加えて作ります。そのため、小麦粉にふくまれるフラボノイドが、アルカリ性のために黄色く変色しているのです。

　さて、少し前の話を思い出してみてください。紫キャベツにふくまれるアントシアニンは、酸性で赤色に、アルカリ性で青や緑色に変化します。また、カレー粉にふくまれているクルクミンは、アルカリ性にすると赤色に変化します。
　……ということは、「かんすい」によってアルカリ性になっている中華麺に、紫キャベツやカレー粉を加えるとどうなるでしょうか？　まるでマジックのように色が変わるビックリ料理を紹介します。お昼ごはんやおやつに作ってみましょう。

## 作ってみよう⑫ 色が変わるカラフル焼きそば①
# カレー&ソース味

■材料（1人分）
- 焼きそば麺または中華麺（原材料欄に「かんすい」と書かれているもの）……1玉
- カレー粉（ターメリックでもよい）……小さじ½程度
- ウスターソース……大さじ1
- 焼きそばの具（豚肉、玉ねぎなど）……適宜
- 食塩、こしょう……少々
- 水……50mL
- サラダ油……小さじ1

■用意するもの
- フライパン
- 菜ばし

■作りかた
①具を炒める
フライパンにサラダ油を熱し、焼きそばの具を炒めます。火が通ったら、食塩、こしょうで下味をつけて取り出します。

②麺をほぐす
同じフライパンに麺を入れて火にかけ、水を加えます。菜ばしで麺をほぐしながら、水がなくなるまで炒めましょう。

③カレー粉を加える
麺がほぐれてきたら火を弱め、カレー粉を加えて混ぜあわせます。このとき、麺にふくまれるかんすいによって、カレー粉が赤色に変化します。

④味つけをする
次に、ウスターソースを数滴加えてみましょう。ソースにはお酢がふくまれているので、ソースがかかった部分が酸性になり、赤色が元の黄色に戻ります。
①の具と、残りのウスターソースをフライパンに加えてよく混ぜあわせ、できあがりです。

④で、ウスターソースの代わりに鶏がらスープの素小さじ１を加えて味をつけると、赤色のままのカレー焼きそばができあがります。

※鶏がらスープは中性なので色の変化は起こりませんが、味付けとして加えます。

4章　色が変わるおもしろ食べもの

## 作ってみよう⓭ 色が変わるカラフル焼きそば②
# 塩味

■材料（1人分）
- 焼きそば麺または中華麺（原材料欄に「かんすい」と書かれているもの）……1玉
- 紫キャベツ……70g（ざく切りにしておきます）
- 焼きそばの具（豚肉、玉ねぎなど）……適宜
- 食塩、こしょう……少々
- 鶏がらスープの素……小さじ1½
- 水……75mL
- サラダ油……小さじ1
- レモン汁……少々

■用意するもの
- フライパン
- 菜ばし

■作りかた
### ①具を炒める
フライパンにサラダ油を熱し、焼きそばの具を炒めます。火が通ったら、食塩、こしょうで下味をつけて取り出します。
### ②紫キャベツをゆでる
同じフライパンに水を入れて熱し、沸騰したら紫キャベツを加えます。
### ③麺を加える
紫キャベツがしんなりとして、水が紫色に色づいたら、麺を加えます。菜ばしで麺をほぐしながら、水がなくなるまで炒めましょう。
このとき、麺にふくまれるかんすいによって、紫キャベツの色素が緑色に変化し、麺が緑色に染まります。
### ④味つけをする
①の具と、鶏がらスープの素を加えてよく混ぜあわせて完成です。

また、緑色になった焼きそばを少し取り出して、レモン汁をふりかけると、その部分だけ麺が酸性になりうすいピンク色に変化します。

# 3. 橙色や赤色は「カロテノイド」

## ①にんじん、トマトの「カロテン」「リコピン」

にんじんの橙色はカロテン、トマトの赤色はリコピンという色素によるもので、どちらもカロテノイドというグループの仲間です。

カロテノイドの仲間は、アントシアニンとちがって酸やアルカリの影響を受けにくく、調味料をかけたり、煮たり焼いたりしてもあまり色が変わりません。

## ②エビやカニが赤くなるわけ

カロテノイドをふくんでいるのは、野菜だけではありません。エビやカニにふくまれる「アスタキサンチン」という赤色色素も、カロテノイドの仲間です。

ところで、みなさんは生のエビやカニを見たことはありますか？　見たことがない、という人は一度、魚売り場や水族館に見に行ってみるとよいでしょう。種類によっても少しずつちがいますが、生のエビやカニの多くは、実は灰色や茶色などの地味な色をしています。例えば、スーパーの魚売り場などで多く出回っているブラックタイガーという種類のエビは、名前の通り、青みを帯びた黒色です。ところが、これをゆでたり焼いたりして加熱すると、みるみるうちにあざやか

な赤色に変化します。

アスタキサンチンはもともと、あざやかな赤色の色素ですが、生のエビやカニの中では、タンパク質とくっついて青みがかった黒色に見えるようになります。

しかし、タンパク質は熱に弱いため、ゆでたり焼いたりするとタンパク質の部分がこわれてアスタキサンチンからはなれます。こうして、アスタキサンチン本来の赤色が現れます。

また、アスタキサンチンを加熱すると、空気中の酸素と結びついてアスタシンという成分に変わりますが、これもきれいな赤色をしています。

アスタキサンチンは、エビやカニのほかにも、鮭やその卵であるイクラ、鯛の仲間などにもふくまれています。鮭や鯛の体内では、タンパク質と結びついていないので、はじめからきれいな橙色やピンク色です。

### ◀ 調べてみよう5

体内でカロテノイドを作り出すことができるのは、植物と、一部の細菌だけです。したがって、エビやカニは、体の中でアスタキサンチンを作ることができません。では、どうしてエビやカニにはアスタキサンチンがたくさんふくまれているのでしょうか？（ヒント・解説は170ページ）

## 4. お肉の赤色

### ①血液と筋肉

　生のお肉も赤色やピンク色をしていますが、こちらはカロテノイドによるものではありません。お肉の色は、「ヘモグロビン」と「ミオグロビン」という赤色の色素が作り出しています。

　これらの色素は、酸素を運んで、動物の体中に届ける役割をしています。牛も豚も、もちろん人間も、動物の体がきちんとはたらくためには、酸素はなくてはならないものです。

　私たちは息を吸うことで酸素を体の中に取り入れ、血液にのせて全身に運んでいます。ヘモグロビンは血液の中にふくまれていて、酸素をくっつけて体中の血管をめぐる役割を果たしています。

　一方ミオグロビンは、筋肉にふくまれている色素で、ヘモグロビンが運んできた酸素を受け取って、筋肉のすみずみまで届けています。血液はヘモグロビン、筋肉はミオグロビンと、役割分担をしているんですね。

　刃物でうっかり手を切ったり、ころんでひざをすりむいたりすると、赤い血が出てきます。この赤色は、主にヘモグロビンによる色です。

　一方、お肉は動物の筋肉の部分ですから、お肉の赤色は主

にミオグロビンによる色ということになります。牛肉や馬肉はミオグロビンが特に多いためこい赤色、豚肉はやや少なくピンク色、鶏肉(とりにく)はもっと少ないためうすいピンク色をしています。

## ②お肉の変色

新鮮(しんせん)な生のお肉の色はあざやかな赤やピンク、というイメージが強いかもしれませんが、切ったばかりの生肉は、紫(むらさき)がかった暗い赤色や茶色っぽい色をしています。

ミオグロビンはもともと、このような暗い色をしているのですが、酸素と結びつくと、あざやかな赤色に変わります。そのため、お肉を切ってしばらくたつと、きれいな赤色に変わるのです。そして、お肉の表面が空気にふれなくなると、酸素を手放し再び暗い色に戻(もど)ります。

お肉をラップでぴったりとおおったり、真空パックにしたりすると、だんだん表面が茶色っぽく変化してきますが、これは、ミオグロビンが酸素を手放したからです。

また、パックに重ねて入れられているうす切りの牛肉を、一枚一枚(まいまい)はがすと、重なっていた部分が茶色くなっていることがあります。これも同じように、その部分が空気にふれなくなっていたからです。

ミオグロビンは、熱を加えると、メトミオクロモーゲンと

いう灰色っぽい茶色の物質に変わります。

　これが、煮たり焼いたりしたお肉の色です。牛肉のようにミオグロビンが多いお肉を焼くと、たくさんのメトミオクロモーゲンができるので、こい茶色の焼き肉になります。鶏肉のようにミオグロビンの少ないお肉を焼くと、メトミオクロモーゲンも少ないので、白っぽい焼き肉になります。

## 5. 葉っぱの緑はクロロフィル

### ①光合成

　野菜には、緑色のものがたくさんあります。ほうれん草、ブロッコリー、アスパラガス、ピーマン、などなど。この緑色を作っているのが「クロロフィル」という色素です。「葉緑素」ともいいます。

　クロロフィルは、野菜に限らず、植物の緑色の部分に存在する色素。光合成という、植物が生きていくための栄養素を作り出すはたらきに関わる、とても重要な成分です。

　料理においても、このあざやかな緑色が見た目を華やかに見せてくれるので、いろどりとしてそえられることもあります。

4章　色が変わるおもしろ食べもの

## ②変色してしまう要因

しかし、クロロフィルは、酸や熱によって変色してしまうことがあるので、注意が必要です。クロロフィルは、酸性の液体に長くつけたり、長時間加熱したりすると、フェオフィチンという茶色がかった黄色の成分に変化します。

例えば、お酢(す)は酸性の調味料の代表例。レタスなどの葉野菜や、ブロッコリー、きゅうりなど緑色の野菜に、お酢を使ったドレッシングやソースをかけてしばらく置いておくと、かかっている部分が黄色く変色してきます。お弁当に入れる野菜の定番、ブロッコリーも注意が必要です。マヨネーズをつけたままでお弁当箱に入れておくと、マヨネーズにふくまれるお酢の影響(えいきょう)で、食べるころには黄色くなってしまいます。マヨネーズは小さい容器などに入れてブロッコリーとははなしておき、食べるときにつけるようにするとよいでしょう。

酸性の調味料はお酢やレモン汁(じる)など、すっぱいものだけではありません。味噌(みそ)やしょうゆも弱酸性です。

例えば、お味噌汁にほうれん草を入れて長時間置いておくと、味噌の影響でほうれん草の色が悪くなってしまいます。そのため、ほうれん草は食べる直前に入れてしあげるようにすると、色がきれいな状態で食べることができます。

### ③美しい野菜のゆでかた

　きぬさやや、ほうれん草やブロッコリーをゆでるときにも、色よくゆであげるコツがあります。それは、とにかくたっぷりの水を沸騰させて、そこに野菜を入れること。水の量は、材料の重さの５倍くらいが目安です。これには２つ理由があります。

　１つは、野菜から出てくる酸をうすめるため。

　実は野菜は、自分の体の中にもともと酸を持っています。「野菜の中に酸があったら、クロロフィルははじめから変色しているのでは？」と疑問に思うかもしれませんね。

　しかし、そんなことはありません。生のときは、酸とクロロフィルは別の場所に分かれているので、野菜にふくまれる酸によってクロロフィルが変色してしまうことはないのです。

　ところが、加熱すると組織がこわれて酸が外にとけ出してしまい、お湯が酸性に変わってしまいます。酸性が強ければ強いほどクロロフィルが変色しやすくなるので、なるべくお湯の量を多くすることで、酸をうすめる必要があるのです。

　野菜にふくまれている酸の多くは、蒸発して空気中に逃げ出しやすいものも多いので、ふたをせずにゆでるとより効果的です。

　そして、もう１つの理由は、素早くゆでるため。

沸騰したお湯に野菜を入れると、野菜に熱をうばわれて、お湯の温度が下がります。沸騰しているお湯の温度は100℃ですが、お湯の量が少ないと野菜を入れた途端(とたん)に50℃近くまで下がってしまうこともあります。そうすると、再び沸騰するまでの間に時間がかかり、その間にクロロフィルの変色が進んでしまうというわけです。

## 作ってみよう⑭ ほうれん草の正しいゆでかた

■**材料**
・ほうれん草……1株
・氷水……適量

■**用意するもの**
・鍋
・ざる
・菜ばし
・ボウル

■**作りかた**
**①お湯をわかす**
ほうれん草の重さに対して、5倍量の水を鍋に入れ、火にかけます。
例：ほうれん草が200gあったら、200（g）× 5（倍）= 1000g
水は1gあたり1mLなので、1000mLの水を用意しましょう。
**②氷水を用意する**
ボウルに氷水を用意しておきます。
**③ほうれん草を入れる**
沸騰したら、ほうれん草の茎側を湯につけます。再び沸騰してから30秒ほどゆでて、しんなりしてきたら葉先まですべて入れましょう（茎のほうが、葉よりも火が通るのに時間がかかるので、先に入れます）。
**④取り出す**
30秒ほどゆでたら、菜ばしなどでざるに引き上げて、氷水に入れて冷まします。完全に冷めたら、水気をしぼり、できあがりです。

4章　色が変わるおもしろ食べもの

ゆであがったほうれん草を氷水に取るのは、ほうれん草を素早く冷ますためです。湯から引き上げたばかりのほうれん草は、まだ熱いので、そのまま置いておくとやわらかくなりすぎたり、クロロフィルの変色が進んでしまったりします。

　ゆでたほうれん草を少量取り分けて、お酢をかけてみましょう。
　しばらく置いておくと、酸で色が変化する様子がわかります。
　残りのほうれん草は、おひたしなどにして食べるとよいでしょう。
　根元を切り落とし、5cm程度の長さに切ったら、市販(しはん)のめんつゆ（濃縮(のうしゅく)タイプのものはパッケージに書かれている通りにうすめる）にしばらくひたしておくだけでおひたしの完成です。

# 5章 ジャムにできないくだもの

　ジャムは好きですか？　パンにぬったりヨーグルトにかけたり、パンケーキやスコーンにのせてもおいしいですね。

　ジャムと一口に言っても、りんご、いちご、ブルーベリー、桃、カシス、あんずなど、さまざまなくだものを材料にしたジャムがありますよね。どんなくだものでもジャムにできるのでしょうか？　くだもの以外でジャムを作ることはできるのでしょうか？

　この章では、ジャムができるしくみや、ジャムを作るのにぴったりのくだものについて、紹介します。


## 1. ジャムのしくみ

### ①ペクチンのはたらき

　ジャムの作りかたは、とてもシンプル。くだものと砂糖をあわせて鍋で煮ると、くだもののシロップができます。これを煮つめて、しあげにレモン汁を加えると、やわらかいゼリーのような状態に変化します。これがジャムです。

　この変化には、くだものにふくまれる「ペクチン」という成分が関係しています。ペクチンを水にとかし出し、砂糖と

酸を加えると、ぷるんとゼリー状に固まります。ジャムはこの性質を利用して作られているのです。

ペクチンは、くだものや野菜など、植物の体を作っている重要な材料のひとつです。植物の体はたくさんの細胞が集まってできていて、その細胞ひとつひとつは、かたい壁で囲まれています。

ペクチンは、この壁を作る材料や、壁どうしをくっつける接着剤の役割をしています。細胞を取り囲む壁は、太い繊維の骨組みに、細い繊維がたくさんからみついてできていて、ペクチンはこの細い繊維の一部です。針金で作った網に、細い糸がたくさんからみついているところを想像してみてください。この細い糸の部分がペクチンです。

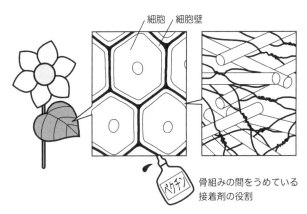

## ②加熱の作用

くだものにふくまれている状態のペクチンはしっかりとか

らみあっているので、そのままではなかなか水にとけ出してきません。しかし、くだものを加熱すると、このペクチンの糸が切れたり、からみあっていたものがほどけたりして、くだものの外へとけ出してきます。

　煮汁にとけ出したペクチンは、一度バラバラになって水の中に散らばります。しかし、砂糖と酸がペクチンどうしを近づける手助けをするので、煮つめて水分を減らしていくと、ペクチンの糸と糸がからみあって網やスポンジのような状態になります。そして、そのすきまに水の粒が包みこまれて、やわらかいゼリー状のジャムになるのです。

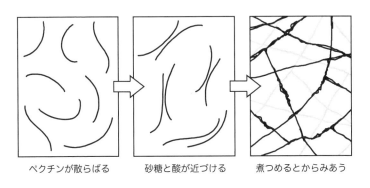

ペクチンが散らばる　　砂糖と酸が近づける　　煮つめるとからみあう

### 【豆知識】ペクチンがとけ出すとやわらかくなる

　野菜やくだものを加熱するとやわらかくなるのは、細胞を取り囲む壁からペクチンがとけ出して、壁がもろくなったり、壁どうしの接着が弱まったりするためです。

## 作ってみよう⑮ りんごジャム

　りんごは1年中手に入りやすく、ジャムにもしやすいくだものなので、はじめてのジャム作りにぴったりです。

■**材料**（作りやすい量）
・りんご……2個
・砂糖（グラニュー糖がよい）……量は作りかたの②を参照
・レモン汁……大さじ1
・水……200mL

■**用意するもの**
・包丁
・まな板
・はかり
・鍋（ステンレスやホウロウのもの、直径15～20cmくらい）
・へら

■**作りかた**
①**りんごを切る**
りんごはよく洗って、まず8等分のくし切りにします。
次に皮をむいて種の周りを切り落とし、厚さ5mmに切ります。
切ったらすぐにレモン汁をまぶしましょう。
②**砂糖を量る**
はかりで、りんごの重さを量り、必要な砂糖の量を計算します。
りんごの40％の重さの砂糖が必要なので、りんごの重さに0.4をかけましょう。
［必要な砂糖の量］＝［りんごの重さ］×40÷100
　　　　　　　　　＝［りんごの重さ］×0.4
例：りんごの重さが500gの場合、500×0.4＝200なので、砂糖を200g量りとります。
③**砂糖をまぶす**
鍋にりんごを入れ、砂糖を加えて軽く混ぜ、全体によくまぶします。そのまま1時間ほど置いておきましょう。

**④煮る**

③の鍋に水を加えて火にかけ、沸騰したら中火にします。焦げつかないよう、へらでときどき混ぜながら20分ほど煮つめましょう。
水分がなくなり、ほどよく煮つまったらできあがりです。

　ビンやタッパーなどにうつし、十分冷めたら、冷蔵庫で保存します。長期間保存したい場合は、しっかりと煮つめて、熱湯で殺菌したビンにつめましょう。
　パンやヨーグルトといっしょに食べてもおいしいですし、冷凍のパイ生地に包んでオーブンやトースターで焼けば、かんたんアップルパイができます。

## 【豆知識】鍋の選びかた

　鍋は、酸に強い素材(ステンレスやホウロウなど)を使うようにしましょう。アルミや鉄などの鍋を使うと、酸が金属に作用して、金属がジャムにとけ出したり、鍋やジャムが変色したりすることがあります。
　また、水分が蒸発しやすいよう、直径が大きめの鍋を使うとよいでしょう。300～500ｇのくだものを煮る場合は、直径15～20cmくらいが目安です。煮こむ時間が長くなると、その分、香りや色が悪くなってしまいます。大きめの鍋を使い、中火で手早く煮つめることで、新鮮な味わいを残したましあげることができます。

> **【豆知識】砂糖をまぶしてしばらく置く**
>
> 　切ったくだものに砂糖をまぶしておくと、「浸透圧」という現象によって、くだものの中から外へと水分がしみ出してきます。
> 　これによって、くだものを煮るときに水を加える必要がなくなり、短時間で煮つめることができます。ペクチンは、長時間加熱すると分解されて短くなり、網目を作りにくくなるので、このようにしてなるべく短い時間で煮つめたほうが、ジャムがしっかり固まります。

◀ **調べてみよう6**

　りんごを切ったらすぐにレモン汁をまぶすのはなぜでしょう？
（ヒント・解説は170ページ）

# 2. 火を止めるタイミングの見極めかた

## ①火を止めるタイミング

「作ってみよう⑮」の「りんごジャム」のレシピには「ほどよく煮つまったらできあがり」と書きましたが、どれくらい煮つめれば「ほどよく」なのでしょうか。ジャムは、ペクチンに糖と酸をはたらかせて作るので、この3つの要素が、ちょうどよい割合ずつふくまれているときにうまく固まります。その中でも、煮つめ加減の目安に使われるのが糖です。

## ②糖分の目安

　ジャムを煮つめれば煮つめるほど糖分の割合が多くなりますが、糖分の割合によって、ジャムの味と固まりやすさが変わります。まず、糖分が多ければ多いほど、甘みが強くなりますし、少なければ少ないほどあっさりとした味になります。また、糖分の割合によって、ジャムのかたさも変わります。ジャムが最もよく固まるのは65％前後で、それより多くても少なくても、ジャムはとろみが少なく、やわらかくなります。

　昔ながらのジャムは65％くらいまで煮つめるのがふつうでしたが、現在お店でよく売られているジャムは40～50％くらいです。糖分が少ないと固まりにくい反面、あまり糖分が多いと甘ったるくなりますから、食べやすさのことを考えると50％～55％くらいを目安にするのがよいのではないでしょうか。

## ③糖分の量を調べる方法

　では、糖分の割合はどうすればわかるのでしょうか。糖度計という専用の器具を使えば、何％なのかを正確に調べることができますが、くだもの農家さんやお菓子屋さんでもないかぎり、持っているという人は少ないでしょう。そこで紹介したいのが、温度計を使う方法と、コップテストという方法

です。

　もし、家に100℃以上まで測れる温度計があったら、これを使って調べてみましょう。ふつう、水を加熱すると、ぽこぽこと泡が出てくるようになります。この現象を「沸騰」といいます。水はふつう、100℃で沸騰し、それ以上は温度が上がりません（山の上など、標高の高いところではもう少し低くなりますがそれはまた別の話……）。

　しかし、水にものをとかすと、沸騰する温度、つまり「沸点」が高くなります。この現象を「沸点上昇」といいます。糖分がたくさんとけているほど沸点は高くなり、55％では103℃、65％では104℃くらいまで上がります。

　ジャムを沸騰させた状態で、温度を測って、103〜104℃くらいになれば十分煮つまったということになります。

　温度計がない場合は「コップテスト」をやってみましょう。用意するのは、冷たい水を入れた透明なコップだけ。

　ここに、煮つめたジャムをスプーンですくって1滴だけ落とします。ジャムが水面近くでぱっと散ってしまう場合は、煮つめ不足。ジャムが固まったまま沈んでいき、コップの底近くで散ったら55％くらい。途中で散ってしまうことなく、底まで落ちれば65％以上です。

## 【豆知識】昔のジャムは保存食だった

　もともとジャムは、くだものを長く保存しておくために作られていました。食べものを腐らせる菌は、ほどよい水分と栄養が大好き。くだものも、水分が豊富で糖などの栄養を多くふくむため、放っておくと菌が増殖して腐ってしまいます。

　しかし、ここに糖をたっぷり加えると、菌が生育しにくくなり、食べものが腐るのを防いでくれます。菌が生きていくためには水分が必要ですが、糖は水分と結びついて、菌が水分を使えないようにしてしまうのです。

　また、酸性であるということも、菌を増えにくくしています。そのため、しっかりと煮つめて、消毒したビンにつめたジャムは、1年どころか10年以上も常温で保存しておくことができるのです。

　ただし、菌を増えにくくし、保存性を高めるためには、糖の濃度をなるべく高くする必要があります。

　一方、現在市販されているジャムは保存性よりも味を重視し、糖の濃度が40〜50％と、菌の生育をおさえるにはやや低めです。開封後は冷蔵庫に入れて早めに使いきるようにしましょう。手作りの場合も、冷蔵庫に入れて、2週間ほどで食べきってしまったほうがよいでしょう。

5章　ジャムにできないくだもの

## ④ 「糖」「酸」「ペクチン」

　ジャム作りのポイントは「糖」と「酸」と「ペクチン」それぞれの量です。

　糖については先ほど、65％くらいが最もよく固まり、味も考慮すると50％程度がちょうどよい、ということを書きました。糖は、くだもの自体にも10〜20％ほどふくまれていますが、後から砂糖を加えて煮つめることで、ちょうどよい濃度にします。

　酸は全体の0.5〜1.0％程度、ペクチンは0.5〜1.5％程度がちょうどよいといわれています。しかし、酸やペクチンの濃度については、糖のようにかんたんに測ることができません。そのため、くだものの種類ごとに、酸やペクチンが多いのか少ないのかを知っておき、少ないものについては後からたして補うようにします。

　例えば、レモンや梅は、酸もペクチンも豊富なので、後から加える必要はありません。一方、梨は、酸もペクチンも少ないので、加えて補ってあげないと固まりません。

　酸は、レモン汁を使うのが一般的です。ペクチンは、りんごの芯などから取り出すこともできますが、市販の粉末ペクチンを使うと便利です。スーパーや百貨店の製菓材料売り場にあるので探してみましょう。

- ペクチンが豊富なくだもの
  例：柑橘類(かんきつるい)、りんご、梅、いちじく、いちご、あんず、バナナ、すもも、桃(もも)
  くだもの自体が持つペクチンで十分にとろみがついたジャムができます。
- ペクチンをある程度ふくむくだもの
  例：ぶどう、さくらんぼ、びわ、ベリー類
  くだもの自体が持つペクチンで少しやわらかめのジャムができます。
- ペクチンが少ないくだもの
  例：梨、メロン、スイカ
  ペクチンをほとんどふくまないので、あまりジャムには向きません。
  ジャムにする場合はペクチンを追加します。
- 酸が豊富なくだもの
  例：レモン、梅
  もともと酸味が強く、ジャムにするには十分な酸がふくまれているので、レモン汁は加えません。
- 酸をある程度ふくむくだもの
  例：いちご、あんず、レモン以外の柑橘類、すもも
  レモン汁を加えなくてもジャムにすることはできますが、レモン汁を加えて酸味を補うと、よりおいしくなります。

・酸が少ないくだもの

例：バナナ、いちじく、桃、梨、メロン、スイカ、りんご、ぶどう、びわ

ジャムにするにはレモン汁を加えて酸を補う必要があります。

レモン汁は、ジャムを固めるのに必要なだけでなく、適度な酸味を与えることで、ジャムの味をさわやかにし、よりおいしくする効果があります。レモンや梅の場合は、特に酸が強いので加えませんが、それ以外のくだものの場合は、くだもの300〜500ｇに対してレモン汁大さじ1程度を加えるのがおすすめです。

## 3. ジャムができるのはくだものだけ？

ジャムはくだものからしか作れないのでしょうか。いいえ、そんなことはありません。ペクチン、糖、酸の3つがそろえば、だいたいどんな材料でもジャムを作ることができます。

例えば、ルバーブという野菜は、ペクチンと酸が豊富で、砂糖といっしょに煮るだけでジャムを作ることができます。ヨーロッパでは昔から、代表的なジャムの材料として使われ

てきました。日本でも、長野県や北海道などの涼しい土地で栽培されています。長野県では４月ごろ、北海道では５月ごろから収穫され、５～６月に旬を迎えるので、どこかに売っていないか探してみてもよいかもしれません。

　手に入りやすい野菜では、トマトのジャムがおすすめです。トマトにも、ルバーブほどではありませんが、ジャムにするのに十分な量のペクチンがふくまれています。そのため、砂糖を加えて煮つめ、レモン汁を加えると少しやわらかめのジャムになります。味は、ベリー類のジャムにコクが加わったような感じ、といいましょうか。もともと、甘味や酸味がある野菜なので、砂糖やレモン汁ともよくあいます。クリームチーズといっしょにクラッカーにぬったり、ヨーグルトにのせたりして食べるとおいしいですよ。

　これら以外の野菜でも、製菓用のペクチンを加えたり、ペクチンが多いくだものと組みあわせたりすれば、ジャムにすることが可能です。例えば、にんじんでジャムを作りたい場合は、同じ量のりんごを組みあわせると、ほどよくとろみのついたジャムになります。

5章　ジャムにできないくだもの

## 作ってみよう⑯ トマトのジャム

■**材料**(作りやすい量)
・トマト……2個
・砂糖(グラニュー糖がよい)……量は作りかたの①を参照
・レモン汁……大さじ1

■**用意するもの**
・包丁
・まな板
・はかり
・鍋(ステンレスやホウロウのもの、直径15〜20cmくらい)
・へら
・電子レンジ加熱可能な容器
・ラップ
・電子レンジ

■**作りかた**
**①砂糖を量る**
はかりで、トマトの重さを量り、必要な砂糖の量を計算します。
トマトの40%の重さの砂糖が必要なので、トマトの重さに0.4をかけましょう。
[必要な砂糖の量] = [トマトの重さ] ×40÷100
             = [トマトの重さ] ×0.4
例:トマトの重さが500gの場合、500×0.4 = 200なので、砂糖を200g量りとります。

**②トマトを切って加熱する**
トマトはよく洗って、半分に切り、ヘタの部分を切り落とします。
切ったらすぐに電子レンジ加熱可能な容器に入れて、ラップをし、電子レンジに入れて500Wで4分間加熱します。

**③煮る**
鍋に②のトマトと①の砂糖を入れて火にかけ、沸騰したら中火にします。
焦げつかないよう、へらでときどき混ぜながら煮つめましょう。

水分がなくなり、ほどよく煮つまったらできあがりです（火を止めるタイミングの見極めかたは、74〜77ページを参考にしてください）。

■コツ
- トマトは、りんごのときのように細かく切ってしばらく置いておくと、酵素がはたらいてペクチンが分解されてしまいます。酵素は熱に弱いので、一度電子レンジで加熱をして酵素をこわしてから、つぶして煮つめます。
- 皮は舌ざわりが悪くなるため、途中で取り出します。煮こむ前のほうが取り出しやすいのですが、皮の近くはペクチンが多いので、少し煮てから取り出すとよいでしょう。

## 【豆知識】ケチャップもジャムの仲間

ケチャップやトマト味の煮こみ料理にとろみがついているのも、ペクチンのおかげです。

# 6章 味覚の不思議

## 1. 味ってたいせつ

　私(わたし)たちはものを食べるとき、さまざまな感覚をはたらかせて、その食べものについて感じています。

　舌で味を感じ、鼻でにおいを感じ、かたさや食感、温度、見た目などもあわせて「おいしさ」「好ましさ」を判断しています。

　このように、たくさんの感覚を使って食べものを味わうのには理由があります。私たちは、生きていくのに必要な栄養素を取り入れるため、いろいろなものを食べなければいけません。エネルギー源(げん)や体を作る材料、体内のさまざまなはたらきを助ける成分などを、食べものから取り入れているのです。

　その一方で、毒や腐(くさ)ったものなど、害のあるもの、危険(きけん)なものは体に入れないようにしなければなりません。どれを食べるべきで、どれを食べてはいけないのか、その判断をするために、さまざまな感覚を利用しているのです。

## ①どうして味を感じるのか

　特に重要なはたらきをしているのは、味を感じる「味覚」です。私たちは味をどこで感じているのでしょうか？　そう、口の中の、特に舌の表面で感じ取っています。舌の表面には「味細胞」という細胞があり、これらが味を感じ取る役目をしているのです。

　食べものには、甘味を感じさせる物質、苦味を感じさせる物質など、それぞれの味に対応した物質がふくまれています。そして、味細胞の表面には甘味物質と結びつく部品や、苦味物質と結びつく部品があり、ここに対応する味物質がやってくると「甘味だ！」とか「苦味だ！」という合図が出されます。この合図が神経を通って脳に伝えられると、私たちは「この食べものは甘い」「これは苦いな」などと感じるのです。

6章　味覚の不思議

なぜ、私たちは味を感じるのでしょうか。口は、食べものが体に入るためのまさに〝入り口〟です。体に害がありそうなものは飲みこまずに吐き出さなくてはいけませんし、栄養になるものはもっと食べるよう体に指令を出さなければいけません。味覚は、体の入り口に立つ見張り役として、その食べものを飲みこむか飲みこまないか最後の判断をし、もっと食べたいと思うかどうかを決める役割をしているのです。

### ②味は5種類

　食べものにはさまざまな味がありますが、分解していくとどれも「甘味、塩味、酸味、苦味、うま味」という5種類の味の組みあわせでできています。これを5基本味といいます。

　中でも、本能的においしいと感じる味が、甘味、塩味、そして、うま味です。これらの味は、赤ちゃんからおとなまで、みんながおいしいと感じる味といわれています。

## 2. 本能的においしい味

### ①甘味

　甘味は、砂糖をなめたときに感じる、糖分の味です。人間が生きていくのに必要なエネルギー源の目印なので、だれも

が好きな味といわれています。

　甘味を感じさせる物質の代表格は、「糖類」と呼ばれるもので、体や脳を動かすためのエネルギー源です。砂糖の主成分である「ショ糖」や、くだもの、はちみつの甘味である「果糖」「ブドウ糖」などがあります。

　また、アミノ酸と呼ばれる物質にはさまざまな種類がありますが、その中にも、甘味を感じさせるものがあります。

　例えば、お寿司のネタなどに使われる甘エビは、グリシンなどの甘いアミノ酸が多くふくまれているため、甘い味がします。イカのお刺身やカニを食べたときに感じる甘味も、アミノ酸によるものです。

　甘味はエネルギー源の目印であるため、甘味を与える物質はたいていカロリーが多く、取りすぎは肥満の原因にもなります。「カロリーはおさえながらも、甘味はほしい」という人のために、最近では、カロリーの低い人工甘味料も使われています。

　カロリーひかえめ、カロリーゼロと書かれたジュースがあったらパッケージを見てみましょう。「原材料」という欄に「甘味料（アセスルファムＫ、スクラロース）」や「甘味料（アセスルファムＫ、アスパルテーム・Ｌ-フェニルアラニン化合物）」などと表示されているはずです。ここに書かれているアセスルファムＫ、スクラロース、アスパルテー

ム・L-フェニルアラニン化合物はいずれも、低カロリーの人工甘味料です。

### 〈さまざまな甘味物質〉

- **スクロース（ショ糖）**：砂糖の主成分。サトウキビやカエデ、テンサイなどからとれます。
- **グルコース（ブドウ糖）**：くだものやはちみつにふくまれています。でんぷんを分解して作ることもできます。
- **フルクトース（果糖）**：くだものやはちみつにふくまれています。
- **マルトース（麦芽糖）**：水飴に多くふくまれ、和菓子などによく使われます。
- **ラクトース（乳糖）**：牛乳や母乳にふくまれています。

ほかにも……

- **アミノ酸**：エビやカニ、イカなどには、甘味のあるアミノ酸が多くふくまれています。
- **人工甘味料**：アセスルファムK、スクラロース、アスパルテーム・L-フェニルアラニン化合物など。

## ②塩味

塩味は、食塩、つまり塩の味です。料理に使われる食塩の主成分は「塩化ナトリウム」というもので、これが塩味を与

えています。甘味を感じさせる成分にさまざまな種類があるのとは反対に、純粋な塩味を感じられるのは今のところ塩化ナトリウムだけだといわれています。

　塩化カリウムも塩味を感じられますが、同時に苦味もあります。病気などが原因で塩化ナトリウムをひかえなければいけない人向けに、塩化カリウムを使うことがありますが、塩化カリウムが多すぎると味がまずくなるため、塩化ナトリウムと混ぜて使われます。

　塩味は甘味と同じように、本能的に好まれる味といわれています。しかし、甘味がこくてもうすくてもそれぞれのおいしさがあるのに対し、塩味はこすぎると途端に嫌な味になります。人の体内にふくまれる液体には、だいたい、塩分が0.9％前後ふくまれていますが、これと同じくらいの塩分がおいしく感じられる濃度だといわれています。

## 実験してみよう⑧ いろいろなこさの食塩水を作ってみよう

いろいろなこさの食塩水を作って味わってみましょう。

■用意するもの
・食塩
・水
・紙コップ（またはプラカップ）
・混ぜるもの（スプーンやはしなど）
・はかり

■方法
① 2.0％食塩水を作る
水490gに食塩10gを加え、食塩がとけきるまでよく混ぜあわせましょう。

②濃度のちがう食塩水を作る
2.0％食塩水をうすめてさまざまな濃度の食塩水を作りましょう。
紙コップに、水と2.0％食塩水を量りとって混ぜあわせます。

❶ 0.1％食塩水：2.0％食塩水 5g ＋水 95g　合計 100g
❷ 0.3％食塩水：2.0％食塩水 15g ＋水 85g　合計 100g
❸ 0.5％食塩水：2.0％食塩水 25g ＋水 75g　合計 100g
❹ 0.7％食塩水：2.0％食塩水 35g ＋水 65g　合計 100g
❺ 0.9％食塩水：2.0％食塩水 45g ＋水 55g　合計 100g
❻ 1.1％食塩水：2.0％食塩水 55g ＋水 45g　合計 100g
❼ 1.4％食塩水：2.0％食塩水 70g ＋水 30g　合計 100g
❽ 1.7％食塩水：2.0％食塩水 85g ＋水 15g　合計 100g

※食塩水を混ぜるときには、濃度ごとに別のスプーンやはしを用意するか、スプーンやはしを使いまわす場合はうすいもの（❶）から順に作るようにしましょう。こい食塩水を作るのに使ったスプーンやはしをうすい食塩水に入れると、濃度が大きく変わってしまいます。

> ③食塩水を味わってみる
> 水を口にふくんで、軽く口をゆすいでおきましょう。
> 濃度が低いもの（❶）から順番に味わいます。
> まずは0.1％食塩水を一口、口にふくんで味わってみましょう。
> 再び水で口をゆすいでから次の食塩水に進みます。

　どんな味がしましたか？　ちょうどよい塩味を感じる濃度、少しこいなと思う濃度、塩味というよりもほんのりと甘味を感じる濃度など、濃度によってずいぶん感じかたがちがったのではないでしょうか。
　一般的に、人々が好む塩味のこさは0.9％程度といわれていますが、その人の体調やふだんの食生活などによっても味の感じかたは変わります。こい塩味になれている人は、こめの塩味をおいしいと思いますし、うすい塩味になれている人はうすめの塩味をおいしいと感じる傾向があります。

## ③うま味

　だれもがおいしいと感じるもうひとつの味は「うま味」です。うま味を与える成分にはグルタミン酸ナトリウム、イノシン酸ナトリウム、グアニル酸ナトリウムなどがありますが、タンパク質が多くあるところにはこれらの成分も多く存在します。
　タンパク質は、私たちの体を作る重要な材料のひとつなの

で、その目印として、うま味をおいしいと感じるようになっていると考えられています。

　うま味がどんな味なのか、ほかの味に比べるとちょっとイメージしにくいかもしれませんね。それは昔の人たちにとってもそうだったようで、うま味が味のひとつとして認められたのは、ほかの味よりも後、つい最近になってからのことでした（といっても100年ほど前ですが）。それまでは、ほかの4つの味が組みあわさった味だと考えられてきました。

　うま味成分はさまざまな食べものにふくまれていますが、より純粋に、うま味がどんなものかを知りたい場合には、だしを味わってみるのがわかりやすいでしょう。昆布やかつお節、干ししいたけなどのだしにはうま味の成分が多くふくまれています。お吸いものを飲んだときに口の中にじんわり広がる味が「うま味」です。ほかにも、お肉、お魚、チーズやトマトなどにも多くふくまれています。

〈うま味成分とそれを多くふくむ食品〉
**主要なうま味成分**
・**グルタミン酸ナトリウム**：昆布だしのうま味成分。ほかにも、トマトなどの野菜や、チーズ、しょうゆ、味噌などにも多くふくまれています。
・**イノシン酸ナトリウム**：かつお節だしのうま味成分。お肉

やお魚に多くふくまれています。
- **グアニル酸ナトリウム**：干ししいたけだしのうま味成分。きのこの仲間に多くふくまれています。

---

### 実験してみよう ⑨ うま味を感じよう

**その1：だしでうま味を感じよう**
昆布やかつお節でだしをとって味わってみましょう。

#### ◎昆布だし（水出し）
時間はかかりますが、とてもかんたんに作ることができます。

■材料
- 昆布（だし用のもの）……5g
- 水……250mL

■用意するもの
- タッパーやボトル容器

■方法
タッパーやボトル容器に、昆布と水を入れます。一晩(ひとばん)冷蔵庫(れいぞうこ)で寝(ね)かせてできあがり。

#### ◎昆布だし（保温出し）
少しめんどうですが、比較的(ひかくてき)短時間で作ることができます。

■材料
- 昆布（だし用のもの）……5g
- 水……250mL

■用意するもの
- 保温機能のある水筒(すいとう)
- 温度計と鍋(なべ)（または温度設定のできる電子レンジ）

6章　味覚の不思議

■方法
①水を温めて 65 〜 70℃にします。温度計がある場合は、鍋に水を入れてゆっくりと加熱し、65℃になったら火を止めましょう。温め温度を設定できる電子レンジがある場合は、それを使って 65 〜 70℃にしてもよいでしょう。
②保温機能のある水筒に、温めた水と昆布を入れてしっかりとふたをしめます。1時間たったら昆布を取り出してできあがり。

## ◎かつおだし
■材料
・かつお節……5g
・水……250mL

■用意するもの
・小鍋
・ざる
・キッチンペーパー
・ボウル

■方法
①ざるにキッチンペーパーをしいて、ボウルの上に重ねます。
②小鍋に水を入れて火にかけます。
③沸騰したら火を止めて、沸騰が収まったらかつお節を入れます。
④1分たったら、キッチンペーパーをしいたざるでこしてできあがり。

## ◎だしを味わう
■用意するもの
・紙コップ……3個
・サインペン
・昆布だし
・かつおだし
・水

※昆布だしとかつおだしは「実験してみよう⑫」でも使います。あまりは捨てずに、取っておきましょう。

■方法
①紙コップには「昆布だし」「かつおだし」「水」と、わかるように書いておきます。
②飲めるくらいにだしが冷めたら、昆布だしとかつおだしを、それぞれの紙コップにそそぎ入れます。「水」のコップには水を入れておきます。
③まず、水を口にふくんで、軽く口をゆすぎましょう。
④昆布だしを口にふくみ、口の中全体でだしを味わってみましょう。
⑤再び水で口をゆすいでから、昆布だしと同じようにして、かつおだしを味わってみましょう。

### その2：ミニトマトでうま味を感じよう

だしよりも、もっとかんたんにうま味を感じる方法があります。

■用意するもの
・ミニトマト……1粒(つぶ)

■方法
①ミニトマトは洗(あら)ってヘタを取っておきます。
②ミニトマトを口に入れて約30回、よくかみます。
③はじめは酸味や甘味などの味を感じますが、30回かみおわったときに口の中にじんわりと感じる味があります。これがうま味です。

# 3. 警戒される味

## ①苦味と酸味

　一方、苦味や酸味は、危険の目印です。植物にふくまれる毒には苦味を与えるものが多く、また、食べものが腐るとすっぱくなることがあるため、苦味は毒の目印、酸は腐った食べものの目印として、本能的に避けられる味です。

　実際に、動物や、生まれたばかりの赤ちゃんに苦いものやすっぱいものを与えると、嫌な顔をしたり吐き出したりします。

　しかし、苦いものやすっぱいものの中には安全なものも多くありますし、中には日常的に食べられているものもありますよね。例えば、お酢やレモンはすっぱく、ピーマンやコーヒーは苦いですが、どちらも安全な食べものです。このように、苦かったりすっぱかったりするけれども安全なものを、私たち人間は「学習」によっておいしいと思えるようになります。「周りの人間が問題なく食べている」「自分も食べてみたけどなんともなかった」という経験を積み重ねていくことで「この食べものは実は安全なんだ」ということを脳が学んでいくのです。そのため、人によって好みの加減が異なりますが、ほどよい酸味であれば、すっきりとさわやかな、よい感じを与えます。また、コーヒーやチョコレートなどは、わずかに苦味をふくむことで、クセになるおいしさを作りだし

ています。

　幼いうちは食の経験が少ないため苦いものやすっぱいものが嫌いでも、少しずつ食べているうちに、なれて平気になったり、むしろ好きになったりします。今、嫌いな食べものがある人も、いつか食べられるようになるかもしれませんから、あせらず少しずつ挑戦してみてください。あせらず、というのが重要です。

　よい体験から、苦手なものが食べられるようになったり、好きになったりするのとは反対に、嫌な体験から、その食べものがいっそう嫌いになったり食べられなくなったりすることもあります。無理はせずに、なるべく楽しみながら、いろいろなものに挑戦していくと、おいしいと感じられるものが多くなり、食べる楽しみが増えていきます。


### 〈酸味成分とそれを多くふくむ食品〉

**主要な酸味成分**

- **酢酸**：お酢にふくまれています。酸味と、独特なにおいがあります。
- **クエン酸**：梅や柑橘類にふくまれています。おだやかでさわやかな酸味。
- **乳酸**：乳酸菌飲料や漬物にふくまれています。少し渋みがありますが、おだやかな酸味。

- **リンゴ酸**：りんご、梅、びわ、ぶどうなどのくだものにふくまれています。
- **酒石酸（しゅせきさん）**：ぶどうなどのくだものにふくまれています。

〈苦味成分とそれを多くふくむ食品〉

- **カフェイン**：コーヒー、緑茶
- **テオブロミン**：チョコレート、ココア
- **ナリンギン**：夏みかんやグレープフルーツ、マーマレードなど。

## 4. 味のおもしろい変化

### ①味はただのたし算ではない

　砂糖をなめると甘味だけを感じ、塩をなめると塩味だけを感じますが、ほとんどの場合、ひとつの食べもの、料理の中には、いくつかの味成分がふくまれていて、それらが混ざりあって、それぞれの味を作り上げています。例えば、チョコレートを口にふくむと苦味と甘味が感じられますし、グレープフルーツの味には酸味、苦味、甘味がふくまれています。

　このように、いくつかの味が混ざりあう場合、味と味は単純なたし算にはなりません。味と味を組みあわせることで、片方の味を強めたり、逆に弱めたりすることがあるからです。このような現象を「味の相互作用」といいます。

例えば、少量の塩味は、甘味を強めます。おしるこは、煮たあずきに砂糖を加えて作りますが、このとき、隠し味として食塩をひとつまみ入れると、甘味が強められてコクのある味にしあがります。また、スイカの甘味が弱いときには、食塩をふってから食べると、味がこく感じられます。

　塩味が強めるのは、甘味だけではありません。少量の塩味を加えると、うま味も強くなります。だしにしょうゆや食塩を加えると、より深いコクを感じられるようになります。

　また、トマトはそのまま食べてもおいしいですが、少量の食塩をふると、甘味やうま味が強くなり、よりおいしく食べられます。

## ②味＋味で強まるとは限らない？

　反対に、ある味が、別の味を弱めることもあります。コーヒーに砂糖を加えると飲みやすくなりますが、これは、甘味が苦味を弱めるからです。

　チョコレートも、苦味をおさえるためにたっぷりの甘味を加えています。チョコレートの種類にもよりますが、たいていは、重さの半分くらい

が、砂糖などの糖分でできています。チョコレートの原料になるカカオは、そのまま食べると顔がねじれそうなくらい苦く、糖分をたくさん加えないと、なかなかおいしく食べられないのです。

甘味は酸味を弱める効果もあります。レモン汁はそのままなめるとすっぱいですが、砂糖やシロップとあわせると、嫌なすっぱさがなくなり、ほどよいさわやかさが残ります。

グレープフルーツや夏みかんがすっぱくて食べにくい場合は、砂糖やはちみつを少しかけると食べやすくなります。

また、塩味にも酸味をおさえる効果があります。酢のものなどに使う甘酢は、お酢に砂糖や食塩を加えて作りますが、しっかりと甘味や塩味をきかせると、酸味がやわらいで食べやすくなります。すっぱいのが苦手な人は、砂糖と食塩の量を少し多めにするとよいでしょう。

〈味の相互作用をためしてみよう〉

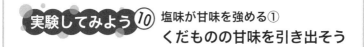

実験してみよう⑩　塩味が甘味を強める①
**くだものの甘味を引き出そう**

食塩をふったくだものと、ふっていないくだものを食べ比べてみましょう。
りんご、スイカ、桃、梨などがわかりやすいです。

## 作ってみよう⑰ 塩味が甘味を強める② おしるこ

■**材料（2人分）**
・ゆであずき（缶詰）……190g
・水……100mL
・食塩……ひとつまみ
・もち……角もちなら2個、丸もちなら4個

■**用意するもの**
・小鍋
・おたま
・トースターまたはグリル

■**作りかた**
**①もちを焼く**
トースターやグリルでもちを焼きます。焦がさないように注意しましょう。
**②あずきを煮る**
缶詰のゆであずきと水を小鍋に入れます。あずきの空き缶に水を入れてすすぎながら鍋に入れると、あずきの煮汁もきれいに全部うつすことができます。
弱火で2分ほど煮たら、食塩を加えて味を整えます。
※食塩を加える前と後で、味の変化を比べてみましょう。
**③盛りつける**
おわんに②を入れ、①のもちをのせて、できあがり。

## 作ってみよう⑱ 甘味が酸味を弱める①
## レモンシロップ

レモンシロップで、さわやかな飲みものを作りましょう。

■**材料（1杯分）**
・ガムシロップ……10～15g
・レモン汁……大さじ1
・炭酸水（または水かお湯）……120mL

■**用意するもの**
・コップ
・混ぜるもの（スプーンなど）

■**作りかた**
**①レモンシロップを作る**
コップにレモン汁を入れ、ガムシロップも加えて混ぜあわせます。
※ガムシロップを入れる前と後で、少量をなめて味のちがいを比べてみましょう。

**②うすめる**
炭酸水（または水かお湯）を加えて混ぜあわせればできあがり。
炭酸水ならレモンスカッシュ、水やお湯ならレモネードになります。

### 作ってみよう⑲ 甘味が酸味を弱める②
# 大根ときゅうりの酢のもの

　酢のものというと「お酢」で味つけするというイメージが強いですが、砂糖を入れるのと入れないのとでは、味が全然ちがいます。

■**材料（2人分）**
・大根……100g
・きゅうり……1本
・かにかまぼこ……20〜30g
・食塩……小さじ½
・お酢……大さじ1
・砂糖……大さじ½
・しょうゆ……小さじ½

■**用意するもの**
・包丁
・まな板
・ピーラー
・ボウル
・菜ばし

■**作りかた**
①**甘酢をあわせる**
ボウルにお酢、砂糖、しょうゆを入れて、砂糖がとけるまでよく混ぜあわせます。

②**大根ときゅうりを切る**
きゅうりはうす切りにし、大根は皮をむいてからうす切りにします。ピーラーを使ってうすいリボン状にするとかんたんです。
食塩をふって混ぜあわせ、5〜10分置いておきましょう。

③**あえる**
②の野菜から水分が出てくるので、これをしっかりとしぼり、①の甘酢に加えます。
かにかまぼこをほぐして加え、菜ばしで混ぜあわせてできあがりです。

何も加えていないお酢と、砂糖やしょうゆを加えた後の甘酢を味見してみましょう。甘酢は、もとのお酢よりもすっぱさがおだやかになっているのがわかります。

　砂糖を減らすと酸味が強くなり、砂糖を増やすとよりおだやかになります。すっぱいのが好きな人は砂糖を少なめに、苦手な人は砂糖を多めにするとよいでしょう。

### 実験してみよう⑪ 酢のものの味を比べよう

砂糖の量を変えて酢のものを作り、味を比べてみましょう。

■**材料（3種類分）**
・大根……150g
・きゅうり……1本
・かにかまぼこ……30～40g
・食塩……小さじ1弱

■**甘酢の材料**

|  | 砂糖多め | 通常 | 砂糖なし |
|---|---|---|---|
| お酢 | 大さじ1 | 大さじ1 | 大さじ1 |
| 砂糖 | 大さじ1 | 大さじ½ | なし |
| しょうゆ | 小さじ¼ | 小さじ¼ | 小さじ¼ |

■**用意するもの**
・包丁
・まな板
・ピーラー
・ボウル……3個
・菜ばし

■**方法**
①**甘酢をあわせる**
ボウルに甘酢の材料をそれぞれあわせて、砂糖がとけるまでよく混ぜあわせます。
②**大根ときゅうりを切る**
きゅうりをうす切りにします。大根は皮をむいてから、うす切りにします。ピーラーを使ってうすいリボン状にするとかんたんです。食塩をふって混ぜあわせ、5〜10分置いておきましょう。
③**あえる**
②の野菜から水分が出てくるので、これをしっかりとしぼり3等分して、それぞれを①の甘酢に加えます。かにかまぼこをほぐし、3等分して加え、菜ばしで混ぜあわせてできあがりです。

## ③うま味とうま味でもっとおいしく

「うま味どうしの組みあわせが、よりうま味を強める」ということもあります。92〜93ページで、3種類のうま味成分「グルタミン酸ナトリウム」「イノシン酸ナトリウム」「グアニル酸ナトリウム」を紹介しました。

このうちのグルタミン酸ナトリウムに、イノシン酸ナトリウムまたはグアニル酸ナトリウムを組みあわせると、うま味の強さが最大8倍にも増すということが知られています。

うま味成分を1種類だけ使うよりも、2種類以上組みあわせたほうが、よりうま味が増しておいしくなるのです。これを「うま味の相乗効果」といいます。

　例えば、お吸いものなどのだしには、昆布とかつお節を組みあわせた「あわせだし」がよく使われます。また、動物や魚を使わない精進料理の場合には、昆布と干ししいたけの組みあわせを利用することもあります。

　うま味の相乗効果が科学的に発見されたのは、1960年のことなので比較的最近です。

　しかし、このようなあわせだしの工夫は、今から約350年も前、江戸時代のころからすでに行われていたといわれています。科学的に発見されるずっと前から、昔の人たちは、うま味成分を組みあわせることでよりおいしくなるということを、経験的に知っていたようです。

　だしだけではありません。グルタミン酸ナトリウムはトマトに、イノシン酸ナトリウムはお肉やお魚に多くふくまれているので、トマトとお肉のパテがはさまっているハンバーガーや、トマトソースがかかっているお肉やお魚のソテーがおいしいのは、このためだと考えられます。

## 実験してみよう⑫ うま味の相乗効果を体験しよう

「実験してみよう⑨」で作っただしを使って、うま味の相乗効果を体験してみましょう。

■**用意するもの**
・昆布だし
・かつおだし
・水
・紙コップ……3個
※それぞれ紙コップに入れて、「昆布だし」「かつおだし」「水」と、中身が何かわかるように書いておきましょう。
・塩
・混ぜるもの(はしやスプーン)

■**方法**

①**だしの準備する**
昆布だしとかつおだしには食塩をひとつまみずつ加えて混ぜあわせておきます。
混ぜあわせるはしやスプーンは使いまわさず、昆布だしとかつおだしで別のものを使いましょう。

②**口をゆすぐ**
まず、水を口にふくんで、軽く口をゆすぎましょう。

③**昆布だしを味わう**
昆布だしを口にふくみ、口の中全体でだしを味わってみましょう。

④**かつおだしを味わう**
再び水で口をゆすいでから、昆布だしと同じようにして、かつおだしを味わってみましょう。

⑤**再び昆布だしを味わう**
口をゆすがずに、昆布だしを味わってみましょう。

③で昆布だしを味わったときと、⑤で再び味わったときとで、うま味の強さがちがって感じられたのではないでしょうか。これは、④で味わったかつおだしが少量、口の中に残った状態で、昆布だしを口に入れたため、口の中でかつおだしと昆布だしが混ざりあい、うま味が強く感じられたのです。

## ④とけたら甘くなる、冷めたらしょっぱくなる

　食べものの味は、それぞれの味の成分がどれくらいふくまれるのかによって、こくなったりうすくなったりします。多くの場合、甘味成分が多いほど甘くなりますし、塩味成分が多いほどしょっぱくなります。しかし、味成分の量が同じでも、温度がちがうと感じかたが変わることがあるのです。

　例えば、塩味は、温度が高いほどうすく感じ、低くなるほどこく感じられます。冷製スープのように、加熱調理した後、冷やして食べる料理の場合、温かい状態でちょうどよいように塩味をつけると、冷やしたときにしょっぱくなってしまいます。

　また、甘味は体温に近い温度で最もこく感じられ、それより冷たくても温かくてもうすくなります。例えば、アイスクリームは、冷たい状態でちょうどよくなるように甘味が調節されています。そのため、とけてぬるくなると甘味が強くなり、少しくどく感じられます。

このような変化は、味成分による刺激を、味細胞がどのように受け取り、神経に伝えるかが、温度によって変わるためと考えられています。一方で、温度によって、味物質自体が変化することもあります。くだものやはちみつの甘味成分である果糖は、温度によって甘さも変化するという性質があり、温度が低いほど甘味が強くなります。くだものを冷やして食べるとおいしいのはこのためです。

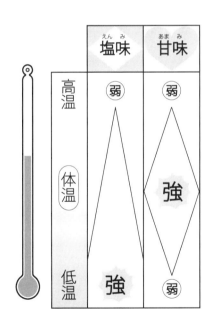

## 実験してみよう⑬ 味の変化を感じてみよう

**温度で甘味の感じかたが変化する①**

カップ入りのアイスを1～2口分スプーンですくい、器に取り出します。残りは冷凍庫にしまい、器に取り出したアイスはとけるまで室温に置いておきます。

とけてぬるくなったアイスと、よく冷えたアイスを食べ比べてみましょう。

**温度で甘味の感じかたが変化する②**

冷蔵庫でよく冷やしたくだものと、常温のくだものを食べ比べてみましょう。

## 【豆知識】不思議なくだものミラクルフルーツ

味はさまざまな条件によって、強くなったり弱くなったりと変化しますが、まったく別の味に変わってしまうこともあります。ミラクルフルーツというくだものを食べた後に、レモンなどのすっぱいものを食べると、なんと、甘く感じるようになるのです。西アフリカで発見されたくだもので、現地に住む人たちは、すっぱいものを食べたり飲んだりするときにこのくだものを利用していました。

どうしてミラクルフルーツを食べると、すっぱいものが甘く感じられるようになるのでしょうか。これには、ミラクルフルーツにふくまれるミラクリンという成分が関係しています。私たちが味を感じるしくみを思い出してみましょう。

舌にある味細胞には、甘味成分と結びつく部品や酸味成分と結びつく部品があり、ここに甘味の成分がくっつくと甘味を感じますし、酸味の成分がくっつくと酸味を感じます。ミラクルフルーツを食べると、甘味成分と結びつく部品の近くにミラクリンがくっつきます。ミラクリンは甘味成分ではないので、この部品の近くにくっ

つくことはできても、きちんと結びつくことはできません。そのため、このときはまだ甘味を感じることはありません。

しかし、ここに酸味成分が近づくと、甘味成分と結びつくはずの部品をミラクリンが強く刺激するようになります。すると、味細胞が甘味物質がくっついたと勘ちがいして、脳に「甘い」という合図を送り、甘味を感じるのです。

私たちは、舌の表面で味成分を受け取り味わう以外にも、目で光を受け取ってものを見たり、耳で振動を受け取って音を聞いたり、五感を使ってさまざまな情報を取り入れています。しかし、ミラクリンで舌がだまされるように、自分が見たり聞いたりしていると思っていることも、実は目や耳がだまされている、なんてこともあるかもしれませんね。

感覚がだまされている例：
メントール入りのシャンプーや入浴剤、ハッカ油の入ったスプレーを使うと、冷たく感じる。
→温度が下がって冷たくなっているのではなく、皮膚の感覚がだまされている。

### ◀ 調べてみよう7

ミラクリンのように、味を変えてしまう効果のある物質はほかにもあります。例えば、ギムネマ・シルベスタ（通称ギムネマ）という植物の葉にふくまれるギムネマ酸は、甘味を感じさせなくする効果があるため、ギムネマの葉をかんだ後に砂糖を食べると砂をかんでいるような感覚になります。

ギムネマの葉を食べた後、どのようなしくみで甘味を感じなくなるのでしょうか？　考えてみましょう。（ヒント・解説は171ページ）

# 7章 おとなもびっくりの料理の裏ワザ

## 1. お肉って何でできている?

　お肉料理というと、焼き肉、ステーキ、唐揚げなど、みなさんが大好きな人気メニューがたくさんありますね。

　ふだん、私たちが料理に使っているお肉は、主に動物の体を動かすための、筋肉の部分です。

　筋肉は「筋線維」という細胞がたくさん集まってできています。これは髪の毛くらいの太さの細長い細胞で、50〜150本ずつ束になってうすい膜で包まれています。この筋線維の束が、さらに数十本ずつ束になって膜で包まれ、筋肉を作り上げているのです。

　筋線維を包んでいる膜は、筋線維がバラバラにならないように束ねて、両端を骨に固定する役割をしています。そのため、肩やスネのように強い力がかかる部分は、膜が厚く、しっかりしています。

　この膜の厚さは、お肉のかたさに影響しています。お肉売り場を見てみると、いろいろな種類のお肉がありますね。その中には、焼いただけでかんたんに食べられるやわらかいものもあれば、しっかり煮こまないとかたくて食べにくいよう

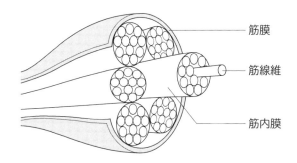

なものもあります。

　筋線維を包む膜の割合が多く、しっかりしていると、筋肉としての強さが高まる一方で、お肉としてはかたくてかみきりにくいものになります。

　鶏肉（とりにく）は牛や豚（ぶた）に比べると小型なので、筋肉を包む膜もその分うすくなりますし、牛肉や豚肉の中でもヒレやロースなどは、膜が少なくやわらかいため、これらのお肉は焼いたり揚げたりしただけでおいしく食べられます。

　しかし、牛や豚の肩肉、スネ肉のように、膜の割合が多くしっかりしているお肉は、ちょっと加熱しただけではかたくてとても食べにくいのが欠点です。その代わりに、これらのお肉はコクがあり、よいだしが出るので、さまざまな工夫（くふう）をしてやわらかく調理します。

## 2. かたいお肉がやわらかく！

　膜が多いお肉を、やわらかくおいしく食べる方法のひとつが煮こみ料理です。ビーフシチューやカレー、ポトフ、牛すじ煮こみなどは、かたいお肉をやわらかくほぐして、おいしさを引き出す調理方法として知られています。お肉を煮こむとなぜやわらかくなるのでしょうか。そして、そのとき、お肉の中では何が起きているのでしょうか。

　お肉を加熱すると、筋線維や、それを包んでいる膜の成分に変化が起こります。筋線維を包む膜は、主にコラーゲンというタンパク質の一種でできています。これは、アミノ酸がいくつもつながった細い鎖が３本ずつ、らせん状にからみあってできた、細い糸のような成分です。これらがたくさん束ねられて強いひもになり、からみあってがんじょうな網を作って、筋肉を包みこんでいます。

　筋線維やコラーゲンは、加熱するとぎゅっと縮むという性質があります。すると、肉全体もぎゅっと縮んですきまが埋まるため、ぎっちりとかたくなります。筋線維はかたくなったらそのままなのですが、コラーゲンはというと、さらに温度を上げて長時間加熱していくと、少しずつ分解されてとけ出すという性質があります。こうしてコラーゲンが分解されてどんどん肉の外に出ていくと、筋線維どうしを包む膜がな

くなってバラバラになるため、お肉がほぐれてやわらかくなるというわけです。

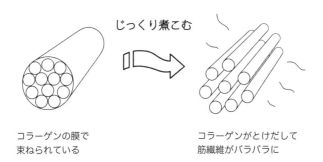

じっくり煮こむ

コラーゲンの膜で
束ねられている

コラーゲンがとけだして
筋繊維がバラバラに

　コラーゲンをとかし出してやわらかくするのに重要なのは、じっくり長時間煮こむことです。コラーゲンが十分に分解されてほぐれるまでには、1〜2時間かかります。その前に一度、コラーゲンや筋線維がぎゅっと縮んでかたくなるので、途中で加熱をやめてしまうとかえってかたいお肉になってしまいます。
　お湯に入れて、弱火でゆっくりことこと煮こめば、全体によく熱が加わりますし、水分がすっかり蒸発してパサパサになってしまうこともありません。また、とけ出したコラーゲンとうま味がとけこんだおいしいスープをとることもできます。

# 3. ことこと煮こむ方法

## ①煮こみ時間はどれくらい？

　コラーゲンの分解に必要な時間は、動物の種類や年齢、その動物がどれくらい運動していたか、などによって変わります。例えば、歳をとった動物ほど、コラーゲンどうしの結びつきが強くなって、かたく、分解されにくくなります。そのため、歳をとった動物の肉は、より長く煮こむ必要があります。

　同じお肉でも「圧力鍋」を使うと煮こみ時間を短くすることができます。コラーゲンの分解は、温度が高ければ高いほど早く進みます。ふつうの鍋では、煮汁の温度は100℃程度までしか上がりません。これは、水が100℃で沸騰し、それよりも高い温度になると蒸発してしまうため、鍋の中は100℃以上にならないからです。

　しかし、気圧、つまり空気中の圧力が高くなると、水は100℃よりも高い温度で沸騰するようになります。圧力鍋を使うと、鍋の中の圧力を高くすることができるので、一般的なものでは水が沸騰する温度が110～120℃程度まで上がります。そのため、より短い時間でコラーゲンを分解し、お肉をやわらかくすることができるのです。ふつうの鍋ではやわらかくなるのに1～2時間かかるようなお肉も、圧力鍋を使えば、圧力をかけた状態で15分加熱し、その後15分程度置

いておくだけで十分やわらかくなります。

## ②煮こみ時間短縮の裏ワザ

　また、圧力鍋がなくても、煮こみ時間を短縮する裏ワザがあります。砂糖をもみこんでしばらく寝かせてから煮こむだけ。これで、煮こみ時間を半分程度にすることができます。コラーゲンを分解するときには、水が必要になります。砂糖は水をよくひきつけるため、よくもみこんでおくことでコラーゲンが水に近づくのを助けるはたらきがあるのです。

---

### 実験してみよう⑭ 砂糖は水によくとける

　砂糖は水と非常になじみやすいという性質があります。どれくらいなじみやすいかというと、常温の水100mL（＝100g）に砂糖200gをとかすことができるくらいです。「ほんとに!?」と思うかもしれませんが、百聞は一見にしかず！　実際にやってみましょう。

■用意するもの
・水……50mL
・砂糖……100g
・透明なコップ
・スプーン

■方法
コップに水と砂糖を入れてよくかき混ぜます。すぐにすべてはとけませんが、ときどき混ぜながら1～2時間置いておくと、砂糖はすべてとけて透明な液体になります。

## 【豆知識】なぜ砂糖は水によくとけるのか？

　砂糖の主成分であるスクロースは図のような構造をしています。この「OH」というパーツは水と結びつきやすく、このパーツが多いほど水にとけやすい物質になります。

ブドウ糖部分　　果糖部分

## 作ってみよう⑳ 豚肉と根菜の和風ポトフ

では実際に、お肉を煮こんでみましょう。

### ■材料（4人分）
・豚肉（煮こみ料理用 ブロック）……300g
・砂糖……大さじ1
・食塩……小さじ1
・酒……大さじ2
・大根……1/3本
・にんじん……1/2本
・水……1L
・粗びき黒こしょう……お好みで

### ■用意するもの
・包丁
・まな板
・鍋（ふた付き）
・ざる
・フォーク
・おたま

### ■作りかた
#### ①豚肉の下ごしらえをする
豚肉はフォークで何か所か刺して穴をあけ、砂糖をまぶしてもみこみます。そのまま1時間ほど冷蔵庫で寝かせましょう。

#### ②アクをとる
大きめの鍋にたっぷりの水（分量外）を入れて火にかけ、沸騰したら豚肉を入れます。再び沸騰して、豚肉の表面の色が変わったら火からおろします。豚肉をざるに上げて煮汁はいったん捨てましょう。

#### ③豚肉を煮る
再び鍋に水1Lと豚肉、酒を入れて強火にかけます。沸騰したら、表面に浮いたアクをおたまで取りのぞき、ふたをして弱火で10分ほど煮こみましょう。

④野菜を切る
豚肉を煮ている間に野菜を切ります。にんじんと大根はそれぞれ皮をむいて、2cm の厚さの半月切りにします。
⑤野菜を加える
野菜と食塩を加えて 20 分ほど煮こみます。
肉と野菜が十分やわらかくなったら器(うつわ)に盛り、お好みで粗びき黒こしょうをふってできあがりです。

煮こみはじめて 10 分後の豚肉を少し取り出しておき、煮こみおえた後の豚肉と比べてみましょう。ほぐれやすさが全然ちがうのがわかります。

■コツ
　コラーゲンが少なく、もともとやわらかいお肉は、煮こむとかえってパサパサとしておいしくありません。煮こみ料理には牛や豚の肩肉(かたにく)、バラ肉、スネ肉など、コラーゲンが多いお肉がオススメです。ネックやテール、スジ肉は時間がかかりますが、おいしいスープがとれます。

## 【豆知識】
## コラーゲンがバラバラになるとゼリーができる

　コラーゲンが多いお肉を煮こんだ後、冷まして冷蔵庫に入れておくと、煮汁がぷるぷるとしたゼリー状になることがあります。これは分解されてとけ出したコラーゲンによる現象です。

　コラーゲンは、細い糸のようなタンパク質で、お肉の中ではこれらを束ねたものが、網のようにからみあって、筋肉の線維を包んでいます。これを加熱すると、糸の1本1本がほぐれて、短くちぎれてバラバラになり、お肉の外へととけ出していくのです。

　こうしてできた短い糸は、ゼラチンと呼ばれていて、温度が高いときは、バラバラの状態で水の中をただよっています。しかし、これを冷やすと、近くにいるほかのゼラチンと再びらせん状にからみあい、網やスポンジのような状態になります。このすきまには水分が閉じこめられ、ぷるぷるとしたゼリー状になるのです。このしくみはゼリーやムースなどのお菓子作りにも使われています。

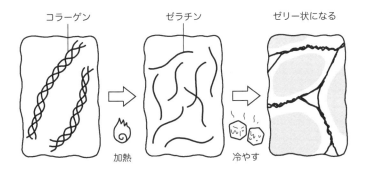

## 作ってみよう㉑　ビーフカレー

■**材料（4人分）**
- 牛肉（煮こみ料理用 ブロック）……300g
- 砂糖……大さじ1
- 玉ねぎ……1個
- にんじん……½本
- カレールウ……4皿分
- サラダ油……大さじ1
- 水……600mL

■**用意するもの**
- 包丁
- まな板
- 鍋（ふた付き）
- ボウル
- おたま

■**作りかた**
①**材料の下ごしらえをする**
牛肉は4cm角に切って、ボウルに入れ、砂糖をまぶしてもみこみます。
そのまま1時間ほど冷蔵庫で寝かせましょう。

②**牛肉を煮こむ**
厚手の鍋にサラダ油を入れて中火で熱し、牛肉を入れて炒めます。表面に焼き色がついたら、水を加えて強火にします。沸騰したら、表面に浮いたアクをおたまで取りのぞきます。弱火にしてふたをし、30分～1時間ほど煮こみましょう。

③**野菜を切る**
にんじんは皮をむいて、2cmの厚さの半月切りにします。玉ねぎは皮をむいて、6等分のくし切りにします。

④**野菜を加える**
牛肉が十分やわらかくなったら、野菜を加えて15分ほど煮こみます。

⑤カレールウを加える
野菜が十分やわらかくなったら、カレールウを割り入れてとかし、とろみがつくまで10分ほど煮こんでできあがりです。

# 4. 煮こまない秘密のワザ

## ①酵素のはたらき

　長時間煮こむことなく、お肉をやわらかくする裏ワザがあります。それは、植物にふくまれる「酵素」を使う方法です。酵素には、でんぷんを分解するもの、色素を変色させるもの、ビタミンを破壊するものなど、さまざまなはたらきのものがありますが、そのうちのひとつに、タンパク質を分解してバラバラにする酵素があります。

　このような酵素を「プロテアーゼ」といいます。筋肉を作り上げている筋線維の主な成分はタンパク質ですし、コラーゲンもタンパク質の一種です。そのため、プロテアーゼを作用させると、コラーゲンや筋線維の一部が分解されて、やわらかくなるというわけです。

　プロテアーゼが多くふくまれているのは、パイナップル、メロン、パパイヤ、キウイフルーツ、いちじく、梨などのくだものや、しょうがや玉ねぎなどです。これらを切ってお肉の上に重ねておいたり、すりおろしてお肉にもみこんだりす

ると、お肉がやわらかくなります。豚のしょうが焼きを作るときには、しょうがや玉ねぎを調味料とあわせて、しばらくお肉をつけこんでおくと、お肉がほろほろとやわらかくなります。

　この裏ワザを活用する場合の注意点は、この酵素は加熱するとこわれてしまうということです。いちじくのジャムやパイナップルの缶詰は、すでに十分火が通っているので、プロテアーゼの効果を期待することはできないでしょう。必ず、生のくだものを用意して使ってください。

### 作ってみよう㉒　牛肉のキウイマリネ焼き

　プロテアーゼを多くふくむくだものの中でも、特に1年中手に入りやすいキウイフルーツを使って、お肉をやわらかくしてみましょう。

■**材料（2人分）**
・牛肉（ステーキ用）……200g
・キウイフルーツ……½個
＊しょうゆ……大さじ1
＊はちみつ……大さじ1
＊おろしにんにく……小さじ½
・サラダ油……小さじ1

■**用意するもの**
・包丁
・まな板
・おろし器

・ボウル
・フライパン
・フライ返し

■**作りかた**
①**つけこむ**
キウイフルーツは皮をむいてすりおろし、ボウルに入れ、＊の調味料と混ぜあわせます。これに牛肉をつけこんで、常温で20〜25分ほど寝かせておきます（長くつけすぎると、お肉が分解されすぎてボロボロになってしまうので注意しましょう）。

②**焼く**
フライパンにサラダ油を入れて中火で熱します。つけダレから取り出した牛肉をフライパンに入れて焼きましょう。つけダレは捨てずにとっておきます。1〜2分焼き、横から見て、厚さの半分程度まで色が変わったらフライ返しでひっくり返します。さらに1〜2分焼いて横から見て完全に色が変わったら火を止めて、お皿に取り出します。

③**ソースを作る**
フライパンに②でとっておいたつけダレを入れ、再び中火で加熱します。沸騰してある程度煮つまったら、火を止めて、牛肉にかけて完成です。

■**コツ**
　キウイフルーツには、通常の緑色のものと、中身が黄色い「ゴールデンキウイ」があります。ゴールデンキウイには、プロテアーゼがあまりふくまれていないので、お肉をやわらかくするときには、緑色のキウイフルーツを使いましょう。
　お肉は国産のサシ（細かい脂）が多く入ったものよりも、アメリカ産やオーストラリア産の、赤身が多いものがてきしています。

## 実験してみよう⑮ つけこみ時間や温度を変えてみよう

「作ってみよう㉒」の「牛肉のキウイマリネ焼き」を、条件を変えて作り比べてみましょう。

・**つけこみ時間**
　つけこみ時間を変えて作り比べてみましょう。
　例：つけてすぐ、10分後、20分後、30分後、40分後に焼く

・**くだものの種類**
　くだものの種類によって、プロテアーゼの強さや量がちがうので、タンパク質を分解する速さも異なります。例えば、パイナップルやパパイヤ、マンゴーはキウイフルーツの2倍程度の時間がかかります。さまざまなくだもので、作り比べてみましょう。

・**温度**
　酵素にはふつう、はたらきやすい温度があり、それよりも高くても低くても、反応が遅くなります。くだものにふくまれるプロテアーゼの多くは、室温ではよくはたらきますが、冷蔵庫に入れておくと分解にかかる時間が3～4倍くらいにまで遅くなります。温度を変えて比べてみましょう。

## ②ゼラチンの実験

 ゼラチンは、コラーゲンが分解されてできたものです。そのため、プロテアーゼのはたらきを受けて、さらに細かく分解されてしまい、ついには、ゼリーを作ることができなくなります。そのため、ゼラチンで作ったゼリーの上に、生のパイナップルやキウイフルーツをのせてしばらく置いておくと、なんと、ゼリーがとけてしまいます。

---

### 実験してみよう⑯ プロテアーゼでゼリーがとける

■材料
ゼラチン（顆粒タイプ）……5g
お湯（80℃以上）……50mL
ジュース（好きなものでOK）……250mL
プロテアーゼをふくむくだもの（パイナップル、メロン、パパイヤ、マンゴー、キウイフルーツ、いちじく、梨など）

■用意するもの
・耐熱容器
・ゼリーカップ……4個
・スプーン

■方法
①ゼラチンをとかす
耐熱容器にお湯を入れ、ゼラチンをふり入れてよくかき混ぜます。
②ジュースを混ぜて冷やす
①にジュースを加えて混ぜあわせたら、ゼリーカップにそそぎ分けて、冷蔵庫で1～2時間よく冷やし固めます。

### ③ゼリーにくだものをのせる

プロテアーゼをふくむくだものを適当な大きさに切って、ゼリーの上にのせて、しばらく置いておきましょう。だんだんゼリーがとけていきます。ひとつだけ、何ものせないゼリーを残しておいて比べると、ちがいがよくわかります。

とけたゼリーは、ジュースとして飲むことができます。

「実験してみよう⑮」にもあるように、くだものの種類によって分解の速さが異なります。キウイフルーツの場合は30分〜1時間程度でゼリーがとけます。

## 【豆知識】加熱ではたらきをストップ

この実験を逆に考えると、ゼラチンを使ってフルーツゼリーを作る場合、くだものにふくまれるプロテアーゼに注意する必要がある、ということです。プロテアーゼを多くふくむくだものを生のまま入れると、ゼラチンが固まりません。缶詰などの加熱済みのくだものを使うか、寒天など、ゼラチン以外の材料で固めましょう。

# 8章 いろいろいもレシピ

## 1. じゃがいもの種類

### ①ほくほく？　しっとり？

　じゃがいもは、カレーや肉じゃがに入れたり、つぶしてポテトサラダやコロッケにしたり、粉ふきいもやじゃがバターにしたりと、さまざまな料理に使われています。

　しかし、じゃがいもと一口にいっても、世界中には2000もの品種があり、日本で育てられている主要なものだけでも50種類以上あるといわれています。それぞれに特徴があるので、料理によって使い分けるとよいでしょう。

　大まかに分けると、ほくほく系じゃがいもとしっとり系じゃがいもの2種類があります。

　ほくほく系じゃがいもは、男爵いもやキタアカリなどに代表され、食感がほくほくとしていて、ほろほろっとくずれやすいのが特徴です。コロッケやマッシュポテトのようにつぶして使う場合や、じゃがバターのようにほくほく感を楽しみたい料理にぴったりです。

　しっとり系じゃがいもは、メークイン、レッドムーンなどの品種があり、しっとりとして煮くずれしにくいため、煮も

のによく使われます。これらの性質のちがいには、じゃがいもを加熱したときに起こる、2つの成分の変化が関係しています。

## ②ペクチンとでんぷん

　1つめは、細胞どうしをくっつけている「ペクチン」という成分の変化です。じゃがいもは、たくさんの細胞が集まってできていますが、ただ集まっているだけではバラバラにくずれてしまいます。そのため、ペクチンがのりのように、細胞どうしをくっつけて固定しています。しかし、じゃがいもを加熱すると、ペクチンがだんだんととけてやわらかくなり、細胞と細胞がはなれやすくなります。生の状態ではゴリゴリとかたいじゃがいもが、加熱後にはやわらかく、かんたんにかみくだけるようになるのはこのためです。

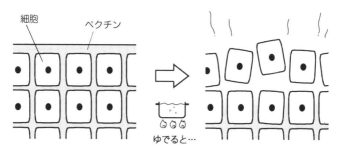

　もう1つは「でんぷん」という成分の変化です。じゃがいもの細胞の中には、養分として、でんぷんの粒がたくさんた

めこまれています。じゃがいもをゆでたり蒸したりして加熱すると、このでんぷんが水を吸ってふくらみます。お米を炊くと、かたかった米粒がふくらんで、やわらかくて粘りけのあるご飯に変わりますが、それと同じような変化が、じゃがいもの細胞の中で起こっているのです。

　中のでんぷんがふくらんだことで、細胞そのものもふくらんで大きくなります。すると、それまできれいに整列していた細胞どうしが、収まりきらずに押しあうようになります。ほくほく系のじゃがいもは、しっとり系のじゃがいもよりもでんぷんの量が多いため、細胞のふくらみかたがいっそう大きくなります。細胞どうしをくっつけていたペクチンは、加熱によってとけてやわらかくなっているため、ちょっと力を加えただけで細胞がはがれやすくなり、これがほくほく感やほぐれやすさ、くずれやすさの原因となっているのです。

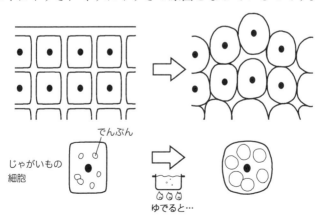

8章　いろいろいもレシピ

### ③ 〝熱いうちに〟の理由

　ほくほく系のじゃがいもは、つぶしたり、ペースト状にしたりしやすいため、マッシュポテトやコロッケ、ポテトサラダ、ポタージュなどの料理に向いています。このような料理を作る場合に気をつけなければいけないのは「熱いうちにつぶす」ということです。

　加熱することで、ペクチンがとけてやわらかくなり、細胞と細胞がはなれやすくなりますが、冷めてくるとこれが再び固まって、はなれにくくなります。こうなると、かたくてつぶしにくくなるだけでなく、無理やり押しつぶそうとすると、細胞の膜が破れて中のでんぷんが外にもれ出してしまいます。

　でんぷんは、加熱すると水を吸ってふくらみ、のりのような粘りけが出ます。これが細胞の膜からもれ出てしまうと、せっかくほくほくしていたじゃがいもが、べたべたぼってりと粘りけのある食感に変わってしまうのです。また、すりつぶすと、やはり細胞が破れてしまいやすいので、上から下にまっすぐ押しつぶすようにするとよいでしょう。

　粉ふきいもも、じゃがいもが熱いうちにしあげることが重要な料理です。粉ふきいもは、じゃがいもをゆでたら湯を捨てて、よくゆすりながらさらに加熱して水分を蒸発させて作ります。ゆでたじゃがいもは、ペクチンがとけてはなれやす

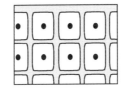
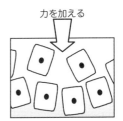
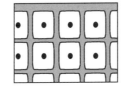
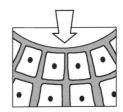

くなっているので、ゆすった衝撃で、じゃがいもの表面にある細胞がバラバラとはがれ、じゃがいもの周りに「粉をふいた」ようになります。これが「粉ふきいも」という名前の由来です。冷えてペクチンが固まってしまうと、どんなにゆすっても細胞がはがれず、粉をふかないので、ただのゆでたじゃがいもになってしまいますね。

### 調べてみよう8

じゃがいもにはさまざまな特徴を持つ品種があり、目的にあわせて使い分けられています。私たちがふだん、野菜売り場で目にするのは料理用のじゃがいもですが、このほかにもポテトチップスなどのスナック菓子作りにてきした品種や、片栗粉の材料に使われる品種などがあります。それぞれ、どのような特徴を持っているのでしょうか？（ヒント・解説は171ページ）

8章　いろいろいもレシピ

## 作ってみよう㉓ 粉ふきいも

肉料理や魚料理の付けあわせに使われることが多い料理です。

### ■材料（2人分）
・じゃがいも……中2〜3個（300g程度）
・食塩……ひとつまみ
・こしょう……少々
・ドライパセリ……お好みで

### ■用意するもの
・包丁
・まな板
・鍋(なべ)
・鍋のふたまたはざる
・串(くし)
・ボウル

### ■作りかた
#### ①切る
じゃがいもはよく洗(あら)って、芽が出ている場合はしっかりとえぐり取ります。
皮をむいて、3〜4等分に切ります。ボウルに水を張って、じゃがいもを5分ほど水にさらしておきましょう。

#### ②ゆでる
鍋に①のじゃがいもを入れて、じゃがいもが完全にかぶるくらいまで水を入れます。
強火にかけて、沸騰(ふっとう)したら火を弱め、20分ほどゆでましょう。

#### ③お湯をきる
じゃがいもを串で刺(さ)してみて、十分やわらかくなっていたら、お湯を捨てます。
ふたをなべにあてて少しずらし、すきまからお湯をこぼすか、いったんじゃがいもごとざるに上げてからお湯をきり、鍋に戻(もど)すようにするとよいでしょう。

### ④粉をふかせる

ふたを外した状態で、鍋を弱火にかけて、食塩、こしょうをふります。少しのこった水分を完全に蒸発させながら、鍋を前後によくゆすりましょう。ある程度粉をふいたら、火を止めて完成です。お好みでパセリをふってもよいでしょう。

### 味付き粉ふきいもを作ろう

作りかた④で、食塩、こしょうのかわりにこんな味付けをしてもおいしいですよ。

- **カレー味：**
  カレー粉小さじ1＋顆粒コンソメ小さじ2＋砂糖小さじ½
- **チーズ味：**
  粉チーズ大さじ1＋粗びきこしょう少々

## 【豆知識】切ったら水にひたす

　じゃがいもは、切ったら5〜10分水にひたしておきます。これは切り口が茶色に変色してしまうのを防ぐためです。

　じゃがいもの細胞には「チロシン」という成分と、それを茶色く変化させる「チロシナーゼ」という酵素がふくまれています。この2つは、ふだんは細胞の中の別々の部屋に入っているので、チロシンが茶色く変化してしまうことはありません。しかし、皮をむいたり切ったりするとこれらを分けていた壁がこわれて、チロシンがチロシナーゼと出合い、茶色く変色してしまうのです。

　切ったじゃがいもを水につけておくと、チロシナーゼが水にとけ出すため、変色を防いでくれます。

　しかし、長時間ひたしていると、食感が悪くなるので注意しましょう。水道水には、ごく少量のカルシウムやマグネシウムなどがとけこんでいます。これらの成分がペクチンと結びつくと、加熱してもペクチンがとけ出しにくくなり、どれだけゆでてもゴリゴリとしてやわらかくならないじゃがいもになってしまいます。

　同じ理由で、牛乳にも気をつけましょう。牛乳にはカルシウムが

豊富にふくまれています。ミルクスープやシチューのように牛乳を入れて煮る料理では、まずはじゃがいもをやわらかく煮てから、牛乳を加えるようにします。

### 【豆知識】じゃがいもは、水からゆでる

　じゃがいもだけでなく、にんじんや大根などの、地面の下にできる野菜をゆでる場合は、熱いお湯ではなく、常温の水に入れて火にかけるようにしましょう。食べものをゆでるとき、熱は、水に接している外側から、だんだんと内側へ伝わっていきます。はじめから熱いお湯に入れてしまうと、外側はすぐに熱くなりますが、そこから内側まで熱が伝わるのに時間がかかります。

　すると、中がゆであがるころには外側はゆですぎた状態になってしまうのです。常温の水からゆでると、水の温度が上がるとともに、野菜の外側も内側もゆっくりと温度が上がっていくので、全体が同じくらいにゆであがります。

## おいしいレシピ2
### 粉ふきいもでポテトサラダ

　粉ふきいもを、熱いうちに軽くつぶして、ほかの野菜やマヨネーズを加えると、ポテトサラダになります。

■ **材料（2人分）**
- 粉ふきいも……2人分
- 玉ねぎ……⅛個
- きゅうり……½本
- ロースハム……2枚
- 卵……1個
- マヨネーズ……大さじ3〜4
- 食塩、こしょう……各少々

■ **作りかた**
#### ①粉ふきいもをつぶす
粉ふきいもを作ったら、熱いうちにざっくりと粗くつぶし、冷ましておきます。
（少しじゃがいもの形が残っているほうが、食べごたえがあっておいしいです）

#### ②材料の下ごしらえをする
卵：20ページの「作ってみよう③」のレシピにしたがって、かたゆで卵にします。ゆであがったら流水でよく冷ましてから、カラをむき、5mmの厚さの半月切りにしましょう。

野菜：玉ねぎは繊維と平行にうす切りに、きゅうりはうすい小口切りにします。それぞれ塩をふって10分ほど置いておくと、水分がしみ出してくるので、それをよくしぼりましょう。

ハム：短冊切りにしましょう。

#### ③あえる
①と②をボウルに入れて、マヨネーズ、食塩、こしょうを加えてざっくりと混ぜあわせ、完成です。

8章　いろいろいもレシピ

## 2. もちもちのじゃがいも

　じゃがいもをつぶして作る料理の多くは、でんぷんの粘りけを出さずにほくほくとしあげるため、じゃがいもが熱いうちにつぶします。しかし、あえて、でんぷんの粘りけを出すようにして作る料理もあります。そのひとつが、北海道の郷土料理「いももち」です。

　いももちとは名前の通り、じゃがいもをすりつぶしておもちのようにした料理です。一般的なおもちは、お米を原料に作られます。しかし、昔は北海道でのお米作りが難しく、お米は貴重で、手に入りにくいものでした。そのため、じゃがいもを使っておもちの代わりにするようになったといわれています。

「もち」というくらいですから、もちもちとした粘りけを出す必要があります。そこで、マッシュポテトやポテトサラダを作るときと反対のことをします。

　でんぷんの粘りを出さずにさらっとしあげるためには、細胞をこわさないよう、熱いうちに押すようにしてつぶすのがポイントでした。逆に、細胞がこわれて、中のでんぷんが出てくるように、冷めたところをすりつぶすようにすると、もちもちと粘りけが出るというわけです。

## 作ってみよう㉔ ほくほくいももち＆もちもちいももち

■材料（2種類、2〜3人分）
・じゃがいも……中2〜3個（300g程度）
・片栗粉（かたくりこ）……大さじ4
・バター……5g
・しょうゆ……大さじ1
・砂糖（さとう）……大さじ2

■用意するもの
・包丁
・まな板
・ボウル
・鍋（なべ）
・串（くし）
・ざる
・すり鉢とすりこぎ
・フライパン（ふた付き）
・フライ返し
・マッシャーまたはフォーク

■作りかた
①じゃがいもをゆでる
「作ってみよう㉓」の作りかた①〜②と同じようにして、じゃがいもをゆでます。
②湯をきる
じゃがいもを串で刺してみて、十分やわらかくなっていたら、ざるに上げて湯をきります。
③生地（きじ）を作る
ボウルにうつして、じゃがいもが熱いうちにマッシャーやフォークでざっくりとつぶします。
2等分して、それぞれAとBで使います。

8章　いろいろいもレシピ　139

### A ほくほくにする場合

じゃがいもが熱いうちにさらにしっかりとつぶしてペースト状にし、冷ましておきます。じゃがいもの粗熱(あらねつ)がとれたら片栗粉を加え、練らないように気をつけながらさっくりと混ぜあわせます。しっかりと混ざって、生地がまとまってきたら3等分して丸め、1cmくらいの厚さにのばします。

### B もちもちにする場合

じゃがいもの粗熱がとれたら、片栗粉を加えて、すり鉢とすりこぎですったり練ったりしながらよくこねあわせます。手でこねてもよいでしょう。粘りけが出て生地がまとまってきたら3等分して丸め、1cmくらいの厚さにのばします。

④焼く

フライパンを中火にかけ、バターを入れてとかします。生地を入れてふたをして1分焼いたら、裏返(うらがえ)してふたをして弱火で3分焼きます。

両面に焼き色がついたら、しょうゆと砂糖を加えて、煮(に)つめながらからめてできあがりです。

## 【豆知識】
## もちもちにするなら新じゃがいもがオススメ

　春から夏にかけて、野菜売り場にはふつうのじゃがいもとは別に「新じゃがいも」が並びます。じゃがいもはふつう、秋ごろ収穫したものを倉庫に貯蔵しておき、それを少しずつ出荷しています。一方、新じゃがいもとは、少し早めの春から夏にかけて収穫した若いじゃがいもを、貯蔵せず新鮮なうちに出荷したものを指します。

　新じゃがいもは、細胞と細胞を接着しているペクチンが未熟で、加熱してもとけ出しにくく、細胞どうしがほぐれにくいという特徴があります。また、細胞の膜がうすくて破れやすく、少し力を加えるだけででんぷんの粘りけが出やすい状態になっています。

　そのため、ほくほくとしあげたいマッシュポテトなどには不向きですが、もちもちとしあげたいいももちにはぴったりです。もし手に入ったら、ぜひ、新じゃがいもを使っていももちを作ってみてください。


## 【豆知識】じゃがいもの芽にご用心

　じゃがいもを、光が当たるところに置いておくと、皮が緑色に変色し、芽が出てくることがあります。これらの部分には「ソラニン」という毒性のある成分が多くふくまれていて、しかも苦味があるので注意が必要です。皮が緑色になってしまった場合は、厚めに皮をむき、芽とその根元周辺はしっかりとえぐり取ってから使いましょう。

　また、じゃがいもが緑色になったり芽が出てきたりするのを防ぐため、じゃがいもは風通しのよい暗いところで保存するようにしましょう。

◀ 調べてみよう9

　じゃがいもとりんごをいっしょに置いておくと、じゃがいもから芽が出るのを防ぐことができます。なぜでしょうか？（ヒント・解説は172ページ）

## 3. おいしい焼きいもの作りかた

### ①さつまいもの甘味

　冬が近づくと、石焼きいも屋さんの「いしや〜きいも〜」という声を街のそこここで聞くようになります。スーパーやコンビニでも、石焼きいもが売られているのを見かけますね。さつまいもはこのほかにも、炊きこみご飯に入れたり、スイートポテトや大学いもなどのお菓子の材料にしたりして食べられています。

　いずれにしても、さつまいもは、生ではかたくて消化も悪いので、加熱してやわらかくしてから食べます。実は、このときの加熱方法によって、さつまいもの甘味が変化するのです。

　これには、さつまいもにふくまれるでんぷんと、「アミラーゼ」という酵素が関係しています。さつまいもの細胞には、じゃがいもと同じように、でんぷんがためこまれています。

　そして、アミラーゼは、でんぷんを分解し、糖分に変える

はたらきがあります。でんぷんは、ブドウ糖という小さなブロックがたくさんつながってできている成分です。これを$\beta$-アミラーゼが2つずつのブロックに切り分けます。このブドウ糖が2つつながったものは「麦芽糖(ばくがとう)」と呼ばれていて、水飴(みずあめ)などに多くふくまれる甘味成分です。このように、アミラーゼをうまくはたらかせると、でんぷんを糖分に変えて、さつまいもを甘くすることができます。

　でんぷんが加熱によってふやけて酵素がはたらきやすくなり、かつ、酵素がこわれずに、活発にはたらくのは70℃くらい。したがって、ゆっくりじんわり加熱して、70℃前後を長い時間たもつと、さつまいもを甘くすることができます。

　このようにさつまいもをゆっくり加熱して、アミラーゼをよくはたらかせる調理方法の代表例が石焼きいもです。この方法では、加熱した小石の上にさつまいもをのせ、その熱でさつまいもを調

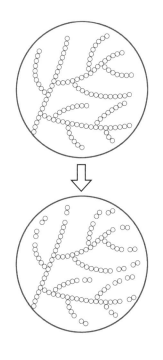

8章　いろいろいもレシピ

理します。こうすると、ゆでたり、電子レンジで加熱したりする場合に比べて、熱がゆっくりと内側に伝わり、中ででんぷんが糖分に変わります。その一方で、表面はかなり熱くなるので水分が蒸発し、その分、甘味がぎゅっとこくなります。今も昔も石焼きいもが人気なのには、ちゃんと理由があるようです。

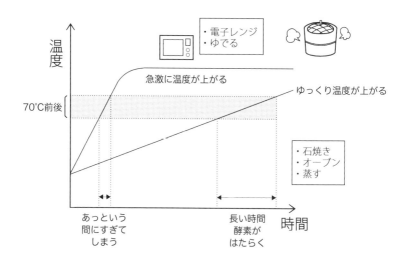

## ②家でも焼きいも

しかし、家で調理する場合、石焼きはちょっと大変そうですね。そこで、もっとかんたんに、さつまいもを甘くする方法を、2つお教えします。

1つは、オーブンを使う方法。これも、石焼きと同じよう

に、ゆっくりじんわりと熱が伝わり、水分が蒸発してほくほくと甘い焼きいもになります。

　もう1つは、フライパンを使って蒸し焼きにする方法。この方法では、オーブンを使う場合とちがって水分が蒸発しないので、甘味は少しだけうすまりますが、しっとりとした食感にしあがります。

　どちらの場合も、さつまいもは丸ごと加熱するのが重要です。小さく切ってから加熱すると、真ん中まですぐに熱くなってしまいますが、大きいまま加熱すると、内側まで時間をかけて熱が伝わり、その分アミラーゼがよくはたらいてくれます。

## 作ってみよう㉕ オーブンでほくほく焼きいも

■**材料（1～2人分）**
・さつまいも……中1本（250～300g）

■**用意するもの**
・オーブン
・キッチンペーパー
・アルミホイル
・串（くし）

■**作りかた**
**①下準備をする**
さつまいもはよく洗（あら）い、ぬらしたキッチンペーパーで二重に包みます。さらに、その上からアルミホイルで包みます。

②焼く
温める前のオーブンに①のさつまいもを入れて、オーブンを180℃に設定して加熱します。180℃に達してから1時間ほど加熱したら、串を刺してみて、中までスッとはいったら完成です。

## 作ってみよう㉖ フライパンでしっとり蒸し焼きいも

■材料（1～2人分）
・さつまいも……中1本（250～300g）

■用意するもの
・フライパン（ふた付き）
・アルミホイル
・串

■作りかた
①下準備をする
さつまいもはよく洗い、アルミホイルで包みます。
また、アルミホイルで太さ1cm、長さ5cm程度の棒を2本作ります。

②蒸す
アルミホイルの棒をフライパンに並べ、その上に①のさつまいもをのせます。
さつまいもがつかないギリギリくらいまで水をそそぎ入れ、ふたをします。
中火で加熱し、沸騰してきたらごく弱火にして30～60分間蒸し焼きにします。
途中で水分が蒸発してなくなりそうになった場合は、注ぎ足してください。
串を刺してみて、中までスッとはいったら完成です。
フライパンから取り出すときや、アルミホイルから出すときには、火傷しないように注意しましょう。

## 【豆知識】さつまいもは新鮮でないほうが甘い

　さつまいもの収穫は夏の終わりから秋にかけて。しかし、さつまいもを甘くおいしく食べられる時期は、秋の終わりから冬にかけてです。これもまた、アミラーゼという酵素のはたらきと関係しています。

　さつまいもにふくまれるアミラーゼは実は２種類あり、１つは、先ほど紹介した70℃前後でよくはたらく「β-アミラーゼ」というものです。そしてもう１つの「α-アミラーゼ」は、5～10℃前後でよくはたらき、β-アミラーゼよりはずっとゆっくりですが、さつまいものでんぷんを糖に分解します。

　収穫したさつまいもを１か月以上、低温で保存しておくと、α-アミラーゼがはたらいて甘味が増し、おいしくなるというわけです。

## 【豆知識】アミラーゼは口の中にも

　アミラーゼがあるのはさつまいもの中だけではありません。実は、私たちのだ液（つば）の中にも存在しています。その証拠に、ご飯やいもなどの、でんぷんが多い食品を口に入れて長時間よくかんでいると、だんだん甘味が増してきます。これは、だ液にふくまれるアミラーゼが、食べもののでんぷんを糖に変えているからです。

　私たちは、でんぷんをそのままの状態で、吸収することはできません。より小さな、糖の粒に分解してから、腸で吸収し、エネルギー源として利用しています。その第１段階として、だ液のアミラーゼがはたらいているのです。

### 調べてみよう 10

さつまいもを丸ごとゆでても、アミラーゼがはたらいて甘くなります。しかし、オーブンでの加熱やフライパンでの蒸し焼きほどは甘くなりません。なぜでしょうか？（ヒント・解説は 172 ページ）

# 9章 食塩のチカラ

## 1. 魔法の調味料

　砂糖、しょうゆ、味噌、お酢……など、調味料にはたくさんの種類がありますが、その中でも、基本中の基本といえば「食塩」ではないでしょうか。食塩というと「料理に塩味をつける調味料」と思うかもしれませんが、実は食塩の役割はそれだけではありません。食材にふくまれる成分にはたらきかけて、さまざまな効果を発揮してくれる、便利な魔法の調味料なのです。この章では、そんな食塩のはたらきについて、いくつか紹介していきましょう。

## 2. 食塩と水分

### ①水を引き出す

　切ったきゅうりをボウルに入れて、食塩をふりかけ、しばらく置いておくとどうなるでしょうか。きゅうりからは水分が出てきて、パリッとかたかったのがしんなりとやわらかくなります。

　食塩は、生の食材から水分を引き出して、しんなりとさせ

るはたらきがあるのです。

　きゅうりなどの野菜も、お肉もお魚も、たくさんの細胞(さいぼう)が集まってできています。細胞はひとつひとつ、うすい膜(まく)に包まれていて、この膜を「細胞膜」と呼(よ)んでいます。そして、この膜には「水は通すけれども、水にとけている成分は通さない」という性質があります。例えば、細胞が食塩水に接している場合、水は細胞の膜を出入りすることができますが、そこにとけている食塩は、膜を通って細胞の中に入ることができないのです。

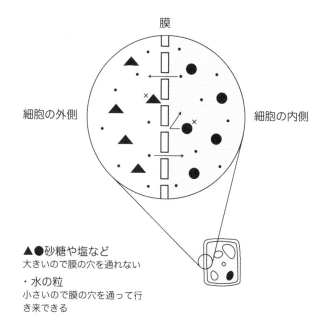

▲●砂糖や塩など
大きいので膜の穴を通れない

・水の粒
小さいので膜の穴を通って行き来できる

このような膜では、膜の内側と外側でとけている成分のこさが異なる場合、うすいほうからこいほうへと水がしみ出して、両方のこさをそろえようとする力がはたらきます。このような力を「浸透圧」といいます。

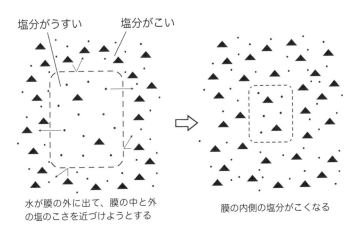

水が膜の外に出て、膜の中と外の塩のこさを近づけようとする　　膜の内側の塩分がこくなる

きゅうりに食塩をふった場合にも、きゅうりの細胞の膜をはさんで、浸透圧がはたらいています。ふりかけた食塩が、きゅうりの表面についている水にとけて、細胞の外側にこい食塩水がある状態になります。すると、細胞の内側から外側へと水がしみ出して、外についた塩水をうすめようとするのです。これが、食塩をふったきゅうりから水が出てくる理由です。

また、植物の場合、細胞膜の外側を「細胞壁」というかたい壁がおおっています。ふだんは、細胞壁の内側に、細胞が

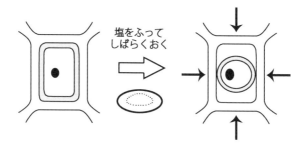

ぴったりとつまっているのですが、細胞の中から水分が出ていくと、風船がしぼむように、細胞の膜もしぼんで小さくなります。これによって、細胞壁がハリを失って、野菜がしんなりとするのです。

キャベツやきゅうりの塩もみは、この性質を利用して、野菜の水分をしぼり出し、野菜をしんなりとさせています。

この下ごしらえをしてから、ほかの調味料などとあえるようにすると、しんなりしている分、味がなじみやすくなります。

また、水分をある程度しぼり出してしまった後なので、後から加えた調味料の塩分によって野菜の水分が出て、あえものがびちゃびちゃになってしまうのを防ぐことができます。

## ②水を入れこむ

　逆に、細胞の外側から内側へ、水分が入っていくこともあります。細胞の内側にふくまれている水分は、食塩水に置き換えると0.85％くらい、いろいろな物質がとけこんでいます。そのため、それよりも低い塩分濃度の食塩水や、何もとけていない水と接していると、浸透圧によって水分が内側へと入ってくるのです。すると、細胞の風船がパンパンにふくらみ、細胞の壁を内側から押すので、ハリが出てしゃきっとします。そのため、野菜を水につけてしばらく置いておくと、しゃっきり、ぱりっと食感がよく、みずみずしくなります。

　浸透圧の影響で、困ったことも起こります。例えば、生野菜のサラダにドレッシングをかけてしばらく置いておくと、

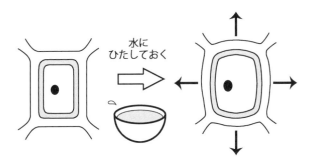

ドレッシングにふくまれている塩分の影響により、浸透圧で野菜の水分が出てきます。こうなると、サラダはびちゃびちゃになり、ドレッシングはうすまってしまいますし、野菜はしなしなになって食感が悪くなってしまいます。生野菜のサラダにドレッシングをかけるときは、なるべく食べる直前にしましょう。

　一方で、蒸し野菜やゆで野菜など、一度火を通した野菜の場合は、浸透圧を気にする必要がありません。野菜が生のうちは、細胞の膜はまだ生きていますが、加熱すると膜が死んでしまい、水分もそのほかの成分も自由に移動できるようになります。したがって、浸透圧によって、水分が出てしぼんだり、入ってふくれたりということが起こらなくなるのです。

　食塩などの調味料が細胞の膜を通って内側まで入ることもできるようになるため、時間とともにだんだんと味がしみこむようになります。

## 実験してみよう⑰ 野菜に食塩をかけてみよう

野菜に食塩をふって、水分が出てくるのを観察してみましょう。

■**用意するもの**
・きゅうり
・にんじん
・食塩
・包丁
・まな板
・お皿

■**方法**

きゅうりとにんじんをうすい輪切りにして、食塩をふり、それぞれお皿の上に10分以上置いておきましょう。だんだんと水が出てきてしんなりとしてきます。

また、ゆでたにんじんに、食塩をふって置いておくとどうなるでしょうか。生のにんじんの場合と比べてみましょう。

## 作ってみよう㉗ コールスローサラダ

■**材料（2人分）**
・キャベツ……2～3枚
・ハム……2枚
・食塩……小さじ½
＊マヨネーズ……大さじ1
＊砂糖……小さじ½
＊お酢……小さじ1

■**用意するもの**
・包丁
・まな板

9章　食塩のチカラ

・ボウル
・菜ばし

■作りかた
①野菜などを切る
キャベツを千切りにして、ボウルに入れる。食塩をふって軽くもみ、5分ほど置いておきます。ハムは千切りにします。
②あえる
キャベツから出てきた水気をしっかりとしぼり、＊を加えて菜ばしであえましょう。30分以上置いて味をなじませるとよりおいしいです。

## 【豆知識】塩づけ食品の今と昔

　食べものを食塩につけて保存（ほぞん）する「塩づけ」は、まだ冷蔵庫（れいぞうこ）などの保存方法がなかった時代に、人々の生活を支えた保存技術です。食べものが腐（くさ）るのは、ふくまれている栄養分を目当てに菌（きん）が集まり、中で増えるからです。しかし、食べものを食塩でつけておくと、菌の細胞からも水が引き出されてしまい、菌が生きていくことができなくなってしまいます。そのため、塩づけの食べものは腐ることなく長持ちするのです。

　現在では、レトルトや缶詰（かんづめ）にしたり、冷蔵庫を使ったりと、保存技術が発達し、しかも一年中さまざまな食べものが手に入るようになりました。そのため、わざわざ食べものを塩づけにして保存する必要はありません。

　また、塩分の取りすぎは体に悪い影響があるとして、ひかえる人も多くなっています。そのため、もともと保存のために作っていた塩づけも、保存性ではなく味と健康面を重視（じゅうし）し、塩を少なめにして作ることが増えています。

## 3. 食塩と温度

### ①氷の温度を下げる

　食塩には、氷と組みあわせて、ものを冷やす効果もあります。この効果を使い、ジュースを凍らせてシャーベットを作ってみましょう。

　氷だけでも、ふだんものを冷やすのによく使われていますよね。飲みものに氷を入れるとキーンと冷えるのはもちろんのこと、夏祭りの屋台で、ジュースを氷水につけて冷やしていたり、熱が出たときに、氷水で頭を冷やしたり、さまざまな用途に使われます。しかし、どんなにがんばっても、氷だけで、ジュースを凍らせることはできません。

　水は0℃を境に、温度が低くなると固まって氷になり、高くなるととけて水に戻ります。しかし、水にものがとけこんでいると、凍る温度が低くなります。とけこんでいるものの量が多いほど、凍る温度は低くなるため、ジュースは水よりも凍りにくいですし、こいジュースとうすめたジュースでは、こいジュースのほうが凍りにくくなります。ふつうの水で作った氷は0℃で凍ったりとけたりしますが、ジュースはそれよりも低い温度で凍るので、氷でジュースを冷やしても、ジュースがひんやりと冷たくはなりますが、凍ることはありません。

氷に食塩をふりかけるとどうなるでしょうか。なんと、温度がみるみる下がって、−20℃ちかくまで冷やすことができるのです。それだけ温度が下がれば、ジュースも凍りますし、牛乳(ぎゅうにゅう)や卵(たまご)が入っていても凍るのでアイスクリームだって作れます。

　昔の物語や小説などを読んでいると、まだ冷凍庫(れいとうこ)なんてなかった時代のお話にアイスクリームや氷菓子(こおりがし)が登場します。これは、昔の人が「どうも氷に食塩を加えるとめちゃくちゃ冷えるらしい」ということを、しくみはわからずとも、経験的に知っていて利用していたようです。

　なぜこんな不思議なことが起きるのでしょうか。

　氷は、とけて水になるときに、周りの熱を奪(うば)います。氷を置いておくと周りがひんやりと冷えるのはこのためです。しかし、周囲が冷えて温度が0℃よりも低くなると氷はとけるのをやめてしまいます。

　そのため、「氷がとけて周りが冷える」→「冷えて氷がとけにくくなる」→「周囲が温まって再び氷がとける」というのをくりかえし、0℃近くをたもったままゆっくりととけていきます。

　さて、前のページに「水にものがとけこんでいると、凍る温度が低くなります」と書きました。この現象は、食塩でも起こります。氷に食塩をふりかけると、氷がとけた水に食塩

がとけこんでこい食塩水になります。これ以上とけこめない！　というくらいたくさんの食塩がとけた水は－21.3℃まで凍りません。

　そのため、氷がとけて熱を奪い、周りが0℃より低くなっても、さらに低い温度までどんどん下がっていくことができるのです。また、食塩が水にとけるときにも、周りの熱を奪うので、さらに冷えやすくなります。

　この方法は、シャーベットやアイスクリームを作るだけでなく、例えば、海の上にいる漁船で、捕(と)ったお魚を素早(すばや)く冷やして港まで運ぶときなどにも使われています。

　また、水にものをとかすと、凍る温度が下がり、凍りにくくなるという性質は、雪が降(ふ)ったときにも活用されています。一度とけた雪が固まって道路に氷がはると滑(すべ)って危険(きけん)ですよね。そこで、水を凍りにくくするために「塩化カルシウム」などの塩の仲間をまいています。

### 【豆知識】氷が『とける』と塩が『とける』

　凍っていた氷が温まって水になることを氷が「とける」といいます。一方で、塩が水の中に混じりこんで見えなくなることを塩が「とける」といいます。これらは、一見よく似ていますが、別々の現象です。「氷がとける」というような、固体が液体に変化する場合を「融(と)ける」と書き、「塩がとける」というような、液体に別の成分がとけこむような場合を「溶(と)ける」と書きます。少しややこしいですね。

9章　食塩のチカラ

## 作ってみよう㉘ シャーベット

■**材料（2人分）**
・氷……450g
・食塩……150g（氷：食塩が3：1になるようにすると、最もよく冷えます）
・ジュース（好きなものでOK）……200mL

■**用意するもの**
・ジッパー付きポリ袋
・スーパーのレジ袋など水のもれない袋
・軍手
・温度計（あれば）

■**作りかた**
**①下準備をする**
ジッパー付きポリ袋にジュースを入れて、こぼれないようにしっかりとジッパーを閉じます。

**②冷やす**
レジ袋に氷と食塩を入れて混ぜあわせます（もし、家に温度計があれば、このときの氷の温度を測ってみましょう）。①のジッパー付き袋を入れて、レジ袋の口を閉じます。軍手をして、外からやさしくもんだり、ゆらしたりして混ぜながら5分間冷やします。

※強く押すとジッパー付き袋の口が開いて、ジュースがこぼれてしまうので注意しましょう。

※このとき、氷はとても温度が低くなっているため、長くふれていると凍傷になるおそれがあります。必ず軍手をして作業しましょう。

**③取り出す**
中のジュースが固まってきたらレジ袋から取り出し、ジッパー付き袋の周りについた塩水をふきとりましょう。
凍ったジュースを器に取り出していただきます。袋の底の面を切ってしぼり出すと、かんたんです。

## 実験してみよう⑱ 温度の下がりかた、凍りやすさを調べよう

氷と食塩の割合（わりあい）を変えて、温度の下がりかたを比べてみましょう。

ジュースのこさを変えて、凍りやすさを比べてみましょう。

9章　食塩のチカラ

## 4. 食塩とタンパク質

### ①ゆで卵で活躍

　タンパク質は、私たちの体を作っている重要な材料です。また、卵やお肉、お魚の、主な成分でもあります。

　食塩には、このタンパク質を固まりやすくする効果があります。その効果を実感しやすいのが卵料理です。
「調べてみよう②」で、「ゆで卵をゆでるときは、お湯に食塩を加える」と書きました。これは、ゆでるときにカラにひびが入ってしまっても、塩のはたらきですぐに白身が固まり、中身が流れ出してくるのを食い止めてくれるからです。

### ②ハンバーグで活躍

　ハンバーグを作るときにも、食塩が活躍してくれます。家やお店によって少しずつレシピがちがいますが、ハンバーグの主な材料は、ひき肉、玉ねぎ、卵、パン粉、牛乳、こしょう、ナツメグ、そして食塩です。

　食塩は、味つけのために加えているだけでなく、ひき肉をまとまりやすくして、ハンバーグが割れたり、くずれたりするのを防ぐはたらきをしてくれています。

　タンパク質にもいろいろな種類がありますが、お肉の中で重要なのは「アクチン」と「ミオシン」という2種類です。

これらは、細かい糸のようなタンパク質で、ふだんはこれらがたくさん寄り集まって束になり、筋肉の細胞を作り上げています。

ひき肉に食塩を加えて練り混ぜると、ひき肉にふくまれる水分に食塩がとけて、こい塩水ができます。アクチンとミオシンは、食塩水にとけやすいという性質があるので、束になっていたのがバラバラになって、食塩水にとけ出してきます。

これをさらに練り混ぜていくと、ひき肉に粘りけが出てまとまりやすくなってきます。このとき、ひき肉の中では、アクチンとミオシンがから

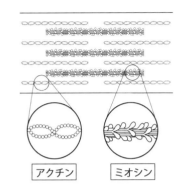

アクチンとミオシンがそれぞれたくさん集まって筋肉を作りあげている

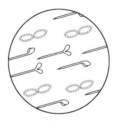

バラバラになり

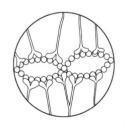

アクチンとミオシンがかたまりを作ってからみあう

みあって、網目のように
なっています。糸くずを
集めて丸めた様子をイ
メージするとよいでしょ
う。

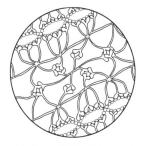
からみあった状態で焼き固められる

これを加熱すると、アクチンとミオシンが網目のまま固まり、くずれにくくしっかりとしたハンバーグになります。また、網目の中に水分が閉じこめられるので、ぱさぱさになったり、うま味が逃げてしまったりすることもありません。

---

**【豆知識】こねたり練ったり**

お鍋に入れたりタレをつけて焼いたりする鶏肉の団子のことをつくねといいますが、「つくね」とはこねるという意味の「つくねる」からきています。鶏肉をほかの材料といっしょにこねて団子状にして料理するため、この名前がついたといわれています。

また、ちくわやかまぼこのことを「練りもの」といいますが、これも、お魚のすり身に食塩を加えてよく練り、アクチンとミオシンの粘りけを出して作ります。

## 作ってみよう㉙ ハンバーグ

■**材料（2～3人分）**
- 合いびき肉……300g
- 玉ねぎ……1/4～1/2個
- パン粉……1/2カップ
- 牛乳……大さじ4
- 卵……1個
- 食塩……小さじ1/2
- こしょう……少々
- ナツメグ……少々
- サラダ油……大さじ1/2＋1/2
- トマトケチャップ……大さじ2
- ウスターソース……大さじ1

■**用意するもの**
- ボウル
- 包丁
- まな板
- フライパン（ふた付き）
- フライ返し
- 菜ばし
- 串

■**作りかた**
**①下ごしらえをする**
合いびき肉とボウルは冷蔵庫でよく冷やしておきましょう。
玉ねぎはみじん切りにして、サラダ油大さじ1/2でよく炒め、冷ましておきます。
パン粉に牛乳を加えて湿らせておきます。卵は菜ばしでときほぐします。
トマトケチャップとウスターソースを混ぜあわせ、ソースにします。

②こねる

合いびき肉に食塩、こしょう、ナツメグを加えてよくこねます。粘りけが出てまとまってくるまで根気強くこねましょう。粘りが出てきたら①の玉ねぎ、卵、牛乳にひたしたパン粉を加えてさらにこねます。

しっかりまとまって、粘りのある状態になったら、タネの完成です。2（または3）等分して、小判形にまとめましょう。

③焼く

フライパンにサラダ油大さじ½を入れて弱火で熱します。タネを手に取り、両手でキャッチボールをするようにして、手のひらに叩きつけて、中の空気を抜きます。

真ん中を少しくぼませてフライパンに並べ、弱めの中火で焼きます。

④蒸し焼きにする

タネの厚さの半分程度まで色が変わったら、ひっくり返します。
火を弱めてふたをし、7～8分加熱しましょう。
中央に串を刺して、すんだ汁が出てきたら焼き上がりです。
①で作ったソースをかけて食べましょう。

■コツ
- 食塩の量は、お肉の重さの約1％弱が目安です。
- あぶらは、アクチンとミオシンがとけ出し、網目を作るのをじゃまします。ひき肉がぬるくなってくると、肉のあぶらがとけてぬるぬるとしてくるので、よく冷やしてからこねるようにしましょう。玉ねぎや卵を後から加えるのも、玉ねぎを炒めるときに使ったサラダ油や、卵の黄身にふくまれるあぶらが、ひき肉の粘りを出すのをじゃまするためです。
- 玉ねぎはよく冷ましてから加えましょう。温かいまま加えると、ひき肉に火が通ってしまったり、あぶらがとけてぬるぬるとしてきたりします。

## 【豆知識】パンに食塩が使われるわけ

　小麦粉の粘りけを出すのにも、食塩のチカラが使われています。小麦粉の主なタンパク質である「グルテニン」と「グリアジン」は、水といっしょに練ると、グルテンという粘りけと弾力のある構造を作ります。食塩を加えると、グルテンがよくのびるようになり、小麦粉の生地をふくらませたりのばしたりしやすくなります。

　例えば、そばは、生地を包丁で切って細い麺にしますが、そうめんは、生地を長い時間かけて細長く伸ばして、麺にしています。途中で切れてしまうことなく、生地を細く長く伸ばせるのは、食塩がグルテンののびを助けてくれるためです。

　また、パンの生地にも食塩が使われていて、生地がふくらんでふわふわになるのを助けています。食パンや甘いパンにも食塩が使われているのはこのためです。

# 「調べてみよう」ヒント・解説

**1** マヨネーズを加熱したり、凍らせたりすると、分離してしまうことがあります。なぜでしょうか？

💡 マヨネーズを加熱すると、水と油を乳化させていた成分がこわれてしまうため、乳化できなくなってしまいます。また、冷凍すると、油の一部が凍ってとがった結晶ができます。これが、乳化剤の膜をつきやぶってこわしてしまうため、とけたときにマヨネーズが分離してしまいます。

**2** ゆで卵をゆでるときに、お湯に食塩やお酢を入れるのはなぜでしょう？

💡 食塩やお酢には、タンパク質を固まりやすくする効果があります。そのため、万が一卵にヒビが入ってしまっても、割れ目近くの卵白が固まって割れ目をふさぐので、卵白が外に流れ出すのを防ぐことができます。

**3** ゆでた後の卵をすぐに冷水に入れる理由は、カラをむきやすくするためと、卵の黄身が黒く変色するのを防

ぐためです。なぜ、すぐに冷やすとカラがむきやすくなったり、変色を防いだりできるのでしょうか？

**むきやすくなる理由**：ゆで卵を冷やすと、卵から出てきた水蒸気(すいじょうき)が水に変わります。また、急激(きゅうげき)に冷やすと、カラと中身が少し縮(ちぢ)むのですが、このときの縮みかたにちがいがあるため、カラと中身の間にズレができます。このズレに水が入りこみ、カラと中身がくっつくのを防ぐため、カラがむきやすくなります。

**変色を防ぐ理由**：卵を長くゆでていると、卵白から硫化水素(りゅうかすいそ)というガスが発生します。これが、卵黄(らんおう)にふくまれている鉄分と結びつくと、硫化第一鉄(りゅうかだいいちてつ)という黒い物質に変わります。ゆで卵を急激に冷やすと、硫化水素のガスが卵の外側に出ていくので、卵黄の色が変わるのを防ぐことができます。

**4** カラメルは、容器に入れると冷めて一度固まりますが、蒸(む)して温めると再びとけて液状になります。しかし、とけたカラメルとプリン液が混ざってしまうことはありません。なぜでしょうか？

体積あたりのものの重さを「密度(みつど)」といいます。カラメルは水に大量の砂糖(さとう)がとけこんでいるため、プリン液に

比べて密度が大きくなっています。このように密度が異なる液体を静かに重ねると、密度が大きい液体は小さい液体の下に沈むため、かき混ぜずにそっとしておくと２層に分かれた状態にすることができます。

5 体内でカロテノイドを作り出すことができるのは、植物と一部の細菌だけです。では、どうしてエビやカニにはカロテノイドの一種・アスタキサンチンがたくさんふくまれているのでしょうか？

海には、アスタキサンチンをふくむ藻や植物性のプランクトンがいます。また、それを食べた動物性のプランクトンも、体の中にアスタキサンチンをたくわえます。エビやカニはこれらを食べることによって、体内にアスタキサンチンを取りこんでいるのです。

6 りんごを切ったらすぐにレモン汁をまぶすのはなぜでしょう？

りんごには、ポリフェノールという成分と、それを茶色く変色させる酵素がふくまれています。これらは別々の場所に分かれてふくまれていますが、りんごを切ることで、

これらが出合ってしまいます。そのため、切ってからしばらく置いておくとりんごの断面が茶色くなってしまいます。レモン汁には、この酵素のはたらきをおさえる効果があります。

## 7 ギムネマの葉をかんだ後に砂糖を食べると砂(すな)をかんでいるような感覚になります。どうしてでしょうか？

ギムネマの葉にはギムネマ酸という成分がふくまれています。この成分は、舌の細胞(さいぼう)の、甘味物質(あまみぶっしつ)と結びつく部品にくっついてふさいでしまうという性質があります。これによって、後から甘味物質がきても対応する部品にくっつくことができず、甘味を感じることができなくなってしまうのです。

## 8 じゃがいもにはさまざまな特徴(とくちょう)を持つ品種があり、目的にあわせて使い分けられています。ポテトチップスなどのスナック菓子(が し)作りにてきした品種や、片栗粉(かたくりこ)の材料に使われる品種は、料理用のじゃがいもとどうちがうのでしょうか？

**スナック菓子**：スナック菓子の多くは油で揚(あ)げて作ら

れます。糖分が多いと、揚げたときに焦げたり茶色くなったりしやすいため、糖分が少ない品種が向いています。また、でこぼこが少なくて皮がむきやすい、うす切りにしやすいなどの特徴も求められます。

**片栗粉**：片栗粉はじゃがいものでんぷんを集めて作られます。そのため、品質がよいでんぷんをたくさんふくんでいるじゃがいもがよいとされています。

**9** じゃがいもとりんごをいっしょに置いておくと、じゃがいもから芽が出るのを防ぐことができます。なぜでしょうか？

りんごはエチレンというガスを発生させます。このガスには、くだものを熟しやすくしたり、じゃがいもの芽が出るのをおさえたりするはたらきがあります。一方、葉野菜はエチレンガスによってしおれて黄色くなってしまうので注意しましょう。

**10** さつまいもを丸ごとゆでても、アミラーゼがはたらいて甘くなります。しかし、オーブンでの加熱やフライパンでの蒸し焼きほどは甘くなりません。なぜでしょうか？

「ゆでる」という調理方法は、食べものを水にひたした状態で加熱します。そのため、食べものの表面から少しずつ、成分が水にとけ出してしまいます。でんぷんが分解されてできた糖分の一部も出ていってしまうので、焼いたり蒸したりした場合に比べると、少しだけ甘味が落ちてしまいます。

おわりに

　料理と科学の世界はいかがでしたか？　ふだん、何気(なにげ)なく口にしている食べものに対する見方が、少し変わったのではないでしょうか。

　科学の知識や考えかたを身につけていくと、世界の見えかたが少しずつ変わっていきます。見えかたが増えるといったほうがいいかもしれません。

　ものを食べたときに「おいしい！」「ちょっと苦手かな…」と思うだけでなく「たしか、この料理はこういうしくみでできているんだったな」と思い出したり「このプリンがおいしいのは、火加減がちょうどよかったからではないかしら」と考えをめぐらせたりすることができます。1口で2度、3度楽しめるのでお得ですね。

　私(わたし)たちは日々、ものを食べて生きています。1日3食食べていれば、1週間で21回、1年間ではなんと1095回、食事をしていることになります。その1回1回に「なぜだろう」「なるほど」を見つけられれば、毎日はより感動的で驚(おどろ)きに満ちたものになるのではないでしょうか。

　食べるときだけではありません。料理を作って、失敗してしまったときにも、その理由を科学的に考えてみれば、新し

い発見につながるかもしれません。偉大な発見や、素晴らしい発明には、失敗の原因を考えているなかで生まれたものも多くあります。失敗を恐れずに、料理や実験に挑戦しましょう。

　この本で紹介したことは、科学の世界のほんの入り口にすぎません。科学の世界に少しでも興味を持ってくれた人は、ぜひ、気になった項目についてもっと調べてみてください。

　また、日々の食事や生活の中で「なんでだろう」「不思議だな」と思うものがあったら、その理由について考えてみてください。

　そのヒントや答えは、教科書にのっているかもしれませんし、図書館の本にあるかもしれません。学校の先生や身の周りのおとなに聞いてみるのもよいでしょう。自分で実験して確かめてみれば、より納得のいく答えや深い理解が得られるかもしれません。

　新しい知識を得る喜びや、疑問が解けたときの気持ちよさ、何かを発見したときの興奮を、たくさん、たくさん、おなかいっぱいになるまで味わいましょう。

平松サリー　ひらまつさりー

京都大学農学部卒業、京都大学大学院農学研究科修士課程修了。
京都大学総長賞受賞。大学院ではタンパク質工学を専攻し、落花生アレルゲンや種子中のタンパク質について研究。2011年よりライター、科学する料理研究家として幅広く活躍している。著作は『「おいしい」を科学して、レシピにしました。』(サンマーク出版)がある。

イラスト　小鷹ナヲ
写真　金子正志
装幀　城所潤 (Jun Kidokoro Design)
本文DTP　脇田明日香

世の中への扉
おもしろい！　料理の科学
2017年1月30日　第1刷発行
2020年1月7日　第5刷発行

著　者　平松サリー
発行者　渡瀬昌彦
発行所　株式会社　講談社
　　　　〒112-8001　東京都文京区音羽2-12-21
　　　　電話　編集　03-5395-3535
　　　　　　　販売　03-5395-3625
　　　　　　　業務　03-5395-3615
印刷所　株式会社新藤慶昌堂
製本所　株式会社若林製本工場

© Sally Hiramatsu 2017 Printed in Japan
N.D.C. 916　175p　20cm　ISBN978-4-06-287026-9

落丁本・乱丁本は、購入書店名を明記のうえ、小社業務あてにお送りください。送料小社負担にておとりかえいたします。なお、この本についてのお問い合わせは、児童図書編集あてにお願いいたします。
定価はカバーに表示してあります。本書のコピー、スキャン、デジタル化等の無断複製は著作権法上での例外を除き禁じられています。本書を代行業者等の第三者に依頼してスキャンやデジタル化することはたとえ個人や家庭内の利用でも著作権法違反です。